热区设施农业工程技术创新与实践

刘 建等 著

中国农业出版社

北 京

著 者 名 单

刘　建　王宝龙　孙芳媛

热区，全称热带气候区。气象学上的热带是指南、北半球副热带高压脊线之间的地带；地理位置上，通常指南、北回归线之间的地带，也就是南纬25°和北纬24°之间的地域，我国的雷州半岛、海南岛和台湾南部处于这一区域。其特点是全年气温较高，四季界限不明显，日温度变化大于年温度变化，降水量大，湿度高，台风多。露地农作物生产受高温、高湿、涝渍、病虫害等气象和生物因素限制较大。

设施农业是在用特定设施和装备创造的适于农业生产的小气候下进行农业生产的一种现代农业形式。利用设施进行农业生产可有效克服各种外界不利气候条件，保证生物在舒适环境中健康成长。分析设施农业在热区的生产条件可知，温室不需要加热，但降温的负荷很大；温室不需要抗雪，但抗台风的要求很高；光照强烈且湿度很高，高温高湿的叠加抑制了农作物的生长，却助长了病虫害的滋生。这些完全不同于内陆气候特点的温室建设条件，对温室的建筑结构和配套装备都提出了特殊的要求。

由于热区在我国的地域面积不大，加上热区设施农业生产的气候条件相对恶劣，长期以来行业内的研究和关注都很少，直接制约了这一区域设施农业的发展。

随着海南省国际旅游岛、自由贸易港、南繁育制种基地等相关政策的落地，海南省对蔬菜的需求激增，海南省不但要在冬季向内陆地区供应反季节蔬菜和瓜果，而且要全季节面向本地城乡居民和游客供应时令蔬菜，以提高蔬菜自给率、降低蔬菜价格。更重要的是，要保证全国来琼繁种、育种的要求。传统的露地种植显然难以满足上述要求，发展热区设施农业势在必行，也迫在眉睫。

海南大学刘建老师及其团队，在设施农业的教学中结合热区特点不断探索和实践，为热区温室建设积累了不少经验和案例。本书是他们十多年来教学、研究和工程实践的总结，内容涵盖了在热区建设中小拱棚、塑料大棚、连栋温室、光伏温室、遮阳棚、防雨棚、防虫网室等各种类型的农业设施及其配套装备的原创设计理论、设计案例，也包含了台风导致温室大棚倒塌后的修复技术和案例。在书中，作者对海南省设施农业的发展还提出了政策建议，对高等院校设施农业专业教学中的产学研结合也提出了自己的思考。本书不仅是刘建老师及其团队在热区设施农业工程技术方面研究和实践的总结，也是广大读者了解海南省设施农业的一个窗口，更是外地温室建设企业进入海南省建设温室的一部先导性参考书籍。

本书的出版为热区设施农业研究打开了一扇窗，愿今后有更多的业内学者参与到热区设施农业的研究和实践中来，也希望刘建老师以此为新的起点，继续围绕热区设施农业不断创新和实践，并将工程实践融入教学之中，培养出更多热爱设施农业、投身热区设施农业的新生力量，为热区设施农业工程技术尽快对接并赶超世界先进水平做出自己的贡献！

周长吉

农业农村部规划设计研究院　设施农业研究所

2022 年 6 月 12 日

Foreword | 前言

　　海南作为我国最大的热区之一，其"热带特点"是海南发展设施农业的独特之处。作为天然的大温室，海南在过去较长的时期内被认为用不上温室大棚，因此，海南发展设施农业起步较晚。海南设施农业的发展大致可以分为3个阶段。①起步阶段（1999—2005年）。以小拱棚种植西瓜、竹木结构大棚种植哈密瓜、简易遮阳网设施栽培热带香料植物等为主。设施相对简易，使用对象专一。②快速引进发展阶段（2009—2014年）。政府重视，企业或合作社（种植户）积极参与，设施种植对象从单一品类向蔬菜、花卉等各类园艺作物发展。同时从国内外引入了多种结构形式的温室大棚，并消化吸收，开发出了一系列适应本地种植习惯和气候特点的简易棚型，并在生产中对之进行较多的应用和发展。③稳定发展阶段（从2016年至今）。该阶段的发展由数量的扩张转变为质量的提升，更加注重解决实际问题，在引进、消化吸收的基础上再创新，结合本地的种植习惯、气候特点和社会经济发展水平去开发合适的设施类型和配套生产模式。如形成了用于蔬菜生产的各类型常年蔬菜大棚、光伏温室，用于瓜果类生产的简易网棚，用于花卉、苗圃生产的平顶荫网棚，用于果树生产的防雨或防虫网棚等。

　　温室大棚设施在海南热区的应用与我国其他气候区截然不同，可以直接拿来用的经验较少。暴雨、台风、高温高湿等气候特点是海南发展设施农业最大的制约因素。鉴于此，编者十余年来围绕海南设施农业生产需求，研发和总结了一系列适应热区气候特点的温室大棚结构形式、配套设施，提出了相关政策建议，并在本书中进行了归纳分类，主要包括热区常年蔬菜大棚、热区光伏温室、热区温室大棚抗台风理论与实践、热区设施农业工程相关政策与建议、热区设施农业工程相关专利及应用、热区设施农业工程实例效果图等。

　　设施农业规划设计，需要根据气候特点、地理条件并结合使用需求进行，同时还要满足"经济、适用、安全"原则，达到设施生产与环境条件、使用需求整体协调。本书所精选的工程案例和理论成果均来源于生产实践，以解决生产实际问题为主导，兼顾经济适用、功能可靠的原则，从使用、设计、施工等多方面思考，优化或研发适合热区的设施类型和结构形式，满足热区设施生产多样化的需求。

本书共收录22篇文章、9篇专利、3个专利应用案例说明和49个设计工程实例效果图，均是对作者团队近年来研究成果的梳理，也是首次对热区设施农业工程领域相关技术的创新和实践进行总结。本书研究成果主要由海南大学热带农林学院（农业农村学院、乡村振兴学院）热带瓜菜作物种质资源创新利用团队成员刘建、王宝龙等完成，全书由孙芳媛整理，最终由刘建统稿、修改和定稿。

编　者

2022 年 3 月

Contents | 目录

第一部分 ■ ■ ■
热区常年蔬菜大棚

　　本地菜"缺位"是海南夏秋淡季蔬菜价格高的主要原因。高温高湿、台风、暴雨等是制约海南本地蔬菜夏秋淡季生产的主要因素，因此设施栽培成为保证海南本地蔬菜周年供应的主要生产方式和手段。

　　近年来海南设施栽培快速发展，但缺乏规范且适应海南地区气候特点的专有大棚类型，使得现有常年蔬菜大棚设计标准在海南夏秋蔬菜生产中的适应性欠佳，存在夏秋季通风差、抗风能力弱等问题，限制了蔬菜大棚在海南的进一步发展。

　　本部分内容包括7种新型抗台风常年蔬菜大棚结构形式，以及对现有棚型的2个改造方案实例等。这些结构形式和改造方案均是基于海南的气候特征和蔬菜种植特点，遵照骨架设计抗风级别达12级，棚内自然通风良好、温度适宜，屋顶具备防雨功能或能够缓冲暴雨冲刷，经济实用、后期维护操作简便等4个原则研发设计。

　　本部分内容包含的7种棚型有热区轻简化抗台风连拱大棚、单栋小跨度塑料拱棚、单栋中跨度塑料拱棚、单栋大跨度塑料拱棚、连栋荫网棚、屋脊通风式大跨度拱棚（后文提到的"柱脚加强式大跨度拱棚"）、连栋锯齿型薄膜温室（后文提到的"大锯齿型连栋大棚"）等。文章从设计参数、几何尺寸、力学性能计算、材料参数、材料清单、造价估算、性能优缺点分析等方面对这些棚型进行了介绍。

热区轻简化抗台风连拱大棚创新研究

0 引言

海南地处热区，雨热同季，夏秋高温，多台风、暴雨，湿热气候可加速病虫害的传播。设施栽培由于能克服夏秋暴雨、高温、多台风等不利气象因素，被广泛应用于海南常年蔬菜栽培，尤其是夏秋渡淡蔬菜栽培［夏秋季节是海南本地叶菜类蔬菜（下文简称叶菜）供应的淡季］。海南常见的设施类型有连栋圆拱型塑料大棚、连栋锯齿型塑料大棚、文洛型玻璃温室、单栋塑料拱棚和连栋荫网棚等。常年蔬菜生产设施要求满足通风、防雨、防虫、适合耕作等基础生产条件，而海南常见设施结构类型存在抗风等级高则造价高，造价低的简易棚又不具备抗风能力，甚至功能上牺牲了常年蔬菜种植的部分要求（如不防雨、没有遮阳或通风效果不好等）等问题。

热区轻简化抗台风连拱大棚就是在这样的市场需求牵引下研发而成的。即大棚结构在满足海南常年蔬菜生产的基本需求的基础上更为轻简，既具备常年蔬菜种植功能，又可降低造价、节约投资。

1 结构参数与特点

热区轻简化抗台风连拱大棚结构以专利棚型（一种全装配式拱杆交叉连拱大棚结构ZL2020214324810[1]）为基础研发设计而成，效果图如图 1 所示。

图 1 连拱大棚效果图

1.1 几何参数

跨度为 6 m，交叉拱脚的间距为 0.8 m，开间为 4 m，顶高 3.4 m，肩高（内部净高）2.2 m，如图 2 所示。

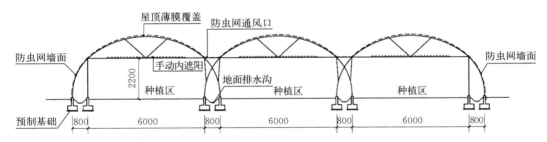

图 2 连拱大棚结构剖面示意图（单位：mm）

1.2 主要功能及做法

大棚屋顶部分采用 0.08 mm 薄膜覆盖（薄膜厚度可根据荷载条件选择），四周墙面及连拱之间的通风部位采用 40 目（或 32 目）防虫网覆盖，覆盖材料由热镀锌卡槽及涂塑卡簧固定。内部肩高处沿水平拉杆设置手动内遮阳，采用遮阳率为 60%～70% 的扁丝遮阳网，一边绑扎在中间的纵向系杆上，另一边采用 ϕ20 mm 的 PVC（聚氯乙烯）管作为活动边，手动开合。

通过上述做法实现顶部防雨，四周、拱间通风，内部遮阳的功能。

1.3 结构特点

大棚将立柱与屋架结合，配合拉杆构建成一个几何不变体系，外观线条简洁流畅，内部空间宽敞整齐，满足使用功能要求。相较于传统温室大棚采用的立柱、纵横梁与屋架组合的结构，这种拱柱结合的结构更为轻便。

（1）立柱采用拱交叉设计。交叉拱结构相较于独立拱结构，受力均匀，更有利于提升结构的整体稳定性，同等用材下大棚的抗风性能得到提升。通过结构计算，风荷载为 0.5 kN/m² （详见荷载参数部分的定义）时，用钢量仅为 2.5 kg/m²（含预埋件）。结构体系如图 3 所示。

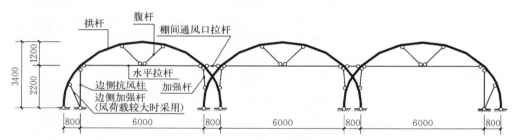

图 3　连拱大棚结构体系示意图（单位：mm）

注：图中○所示处为铰接或铰支座。

（2）棚型在研发时，从单拱大棚的拱形结构受力较好受到启发，充分分析其优缺点，将单拱大棚肩部以下的不适宜操作空间（作业高度限制）与棚间的通风排水空间重合，形成 0.8 m 宽的通风带，如图 4 所示。该通风带同时也承担大棚排水功能，相较于单拱大棚提高了土地利用率。通风口由原来较低的位置（图示 1.6 m）向上提升（图示 2.2 m），蓄热空间减小，通风空间加大，水平拉杆便于布置内遮阳，更加有利于棚内降温与散热。

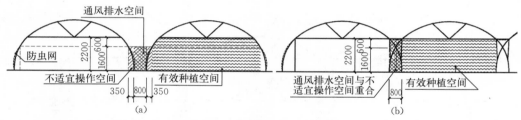

图 4　单拱大棚与连拱大棚土地利用对比示意图（单位：mm）

（a）单拱大棚　（b）连拱大棚

2　结构计算与材料规格

2.1　荷载参数

恒荷载：0.025 kN/m²（主要为钢骨架自重）。

活荷载：0.1 kN/m²（本大棚针对海南常年蔬菜生产，以叶菜为生产对象，不考虑作物吊重）。

基本风压（ω_0）：0.5 kN/m²，相当于 11 级风中间风速，主要用于主体钢结构计算。塑料薄膜、网等覆盖材料的机械性能与耐久性随材料的原料特性和使用环境不同而差异较大，不做抗风验算，但要求薄膜厚度与钢结构设计匹配。

2.2　荷载标准值与设计值计算

考虑最不利组合为：恒荷载＋风荷载。风荷载为主导荷载。采用可变荷载控制效应设计值 S_d 的计算公式 $S_d = \gamma_G S_{Gk} + \gamma_{Q1} S_{Q1k} + \sum_{i=2}^{n} \gamma_{Qi} \psi_{ci} S_{Qik}$[2] 及相关的计算方法计算荷载设计值。其中，$S_{Gk}$ 为恒荷载标准值，S_{Q1k} 为风荷载标准值，S_{Qik} 为活荷载标准值（$n=2$）；恒荷载分项系数 γ_G 取 1，风荷载分项系数 γ_{Q1} 取 1，活荷载分项系数 γ_{Qi} 取 1.2，活荷载的组合值系数 ψ_{ci} 取 0.7。结构重要性系数 γ_0 取为 0.9。地面粗糙度按 B 类，大棚高度为 3.4 m，风压高度变化系数 μ_z 取 0.76。按开敞式结构进行计算，作用在屋面的风荷载体型系数 μ_s 取 −0.75[3]。檩距（开间）L 为 4.0 m。

恒荷载标准值 $S_{Gk} = 0.025$ kN/m²，风荷载标准值 $S_{Q1k} = \omega_0 \mu_z \mu_s = 0.5 \times 0.76 \times (−0.75) = −0.285$（kN/m²），活荷载标准值 $S_{Qik} = 0.1$ kN/m²。

作用在拱架上的各荷载设计值计算如下。

（1）恒荷载设计值：$\gamma_0 \gamma_G S_{Gk} L = 0.9 \times 1 \times 0.025 \times 4 = 0.09$（kN/m）。

（2）风荷载设计值：$\gamma_0 \gamma_{Q1} S_{Q1k} L = 0.9 \times 1 \times (−0.285) \times 4 = −1.026$（kN/m）。

（3）活荷载设计值：$\gamma_0 \gamma_{Qi} \psi_{ci} S_{Qik} L = 0.9 \times 1.2 \times 0.7 \times 0.1 \times 4 = 0.3024$（kN/m）。

防虫网处布置风荷载还需乘以风荷载的阻风系数。32 目防虫网阻风系数取 0.75，40 目防虫网阻风系数取 0.81[4]。

2.3　结构计算

采用 PKPM 2010 对结构进行计算。所选构件的规格计算结果均通过。结构计算得到的应力比结果详见图 5。从图示结果可知内力在构件内部分布比较均匀，通过连拱形式，各构件形成空间体系，整个拱架类似于桁架结构，受力性能优良。

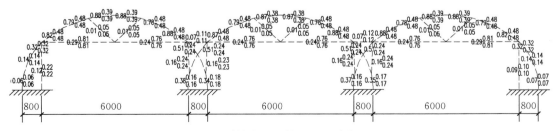

图 5　结构计算应力比结果图（单位：mm）

注：图中各构件左边数字为强度应力比，右上为平面内稳定性应力比，右下为平面外稳定性应力比。

2.4　材料规格与基础做法

　　温室大棚属于轻钢类建筑，仅基础部分用到混凝土。温室大棚基础的传统建造工艺需要土方开挖、现场支模、放置预埋件、浇筑混凝土、振捣密实、养护、拆模等。本连拱大棚采用预制混凝土基础，实现包括基础在内的全部构件的装配式安装。预制混凝土基础的建造养护均在工厂完成，现场仅需进行开挖、埋放、找平与回填，以及少量的柱脚二次灌浆作业，既保证了构件质量，又降低了劳动强度，减少了环境污染，实现了大棚安装的轻简化。

　　（1）基础：采用 C30 预制混凝土独立基础，尺寸为 500 mm×500 mm×200 mm，埋深 0.5 m［根据荷载条件调整，做法大样详见图 6（a）］；采用热浸镀锌预埋件，底部焊接 0.3 m 长、ϕ10 mm 的三级钢筋 4 条［实物见图 6（b）］；棚间通风区地面开挖排水土沟。

　　（2）钢骨架：

　　① 拱架部分。拱杆：ϕ32 mm×1.5 mm。水平拉杆：ϕ42 mm×1.5 mm。腹杆：ϕ25 mm×1.2 mm。棚间通风口拉杆：ϕ25 mm×1.2 mm。边侧抗风柱：ϕ32 mm×1.5 mm。加强杆：ϕ25 mm×1.2 mm。以上构件的规格均为给定荷载条件下计算得出，不同荷载条件下，结构组成不变，调整构件截面可满足相应的荷载条件。杆件采用 U 型螺栓、抱箍、螺栓、十字卡簧等连接，所有钢管及连接件均采用热镀锌处理。

　　② 除拱架以外的其他构件。主要包括屋面纵向系杆、室内水平拉杆上系杆、柱间支撑、棚头（八字）水平支撑、屋面棚头支撑、副拱杆、山墙副立柱等。各构件的规格分别为：屋面纵向系杆，ϕ42 mm×1.5 mm；室内水平拉杆上系杆，ϕ32 mm×1.5 mm；柱间支撑，ϕ42 mm×1.5 mm；棚头（八字）水平支撑，ϕ32 mm×1.5 mm；屋面棚头支撑，ϕ25 mm×1.2 mm；副拱杆，ϕ32 mm×1.5 mm；山墙副立柱，ϕ32 mm×1.5 mm。

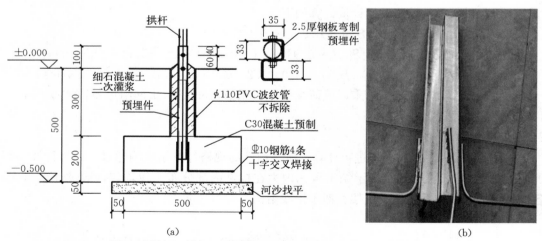

（a）　　　　　　　　　　　　　　　　　　　　（b）

图 6　预制基础做法及安装示意图（单位：标高 m，其他 mm）

（a）基础大样图　（b）预埋件实物图

3　造价估算与对比分析

3.1　造价估算

　　本造价计算所采用连拱大棚的跨数为 5 跨，总宽度为 5×6.8＋0.8＝34.8（m），有 14 开间，长度为 14×4＝56（m），计算面积为 34.8×56＝1948.8（m²）。造价采用

《2017 海南省房屋建筑与装饰工程综合定额》《2017 海南省安装工程综合定额》以及其他相关定额。主要材料的价格参照《海南工程造价信息》2021 年 7 月海口地区的材料价格，其中缺项的材料价格依据市场咨询价格，计算结果含增值税 9％及相关的措施费、规费等。计算结果如表 1 所示。在风荷载取 0.5 kN/m² ［按照《建筑结构荷载规范》（GB 50009—2012）的方法取值，相当于 0.25 kN/m²］的情况下，连拱大棚的亩 * 均造价为 3.68 万元。

表 1　连拱大棚造价估算

名称	项目特征	单位	数量	单价（元）	合计（元）	备注
基础	含基础预制、安装，基坑开挖、回填，基础预制模板、PVC 波纹管模板，二次灌浆等	个	180	98.31	17695.10	
排水沟	连拱间地面排水沟人工开挖、山墙副立柱基础人工开挖	m³	21.69	63.09	1368.63	
预埋件	预埋件及安装	t	0.572	12555.34	7180.80	
钢结构	热镀锌钢管及加工安装	t	4.370	12774.12	55875.51	含螺栓标准件
薄膜	0.08 mm 薄膜及安装	m²	1882.70	3.49	6573.76	
防虫网	32 目或 40 目防虫网及安装	m²	785.72	3.49	2743.46	
卡槽卡簧	0.8 mm 热镀锌卡槽、涂塑卡簧及安装	m	882.20	7.18	6331.95	数量按卡槽长度
内遮阳	手动内遮阳安装。含 PVC 管、拖幕线、压幕线、绑扎辅料及安装调试	m²	1948.80	4.32	8425.18	按建筑面积
连接配件	U 型螺栓、抱箍等非标准连接配件	m²	1948.80	0.68	1333.81	按建筑面积，只计材料费
合计					107528.20	
平均造价（元/m²）					55.18	
亩均造价（万元）					3.68	

注：数据不闭合由四舍五入引起，非计算错误。

3.2　造价对比分析

该连拱大棚的主体钢结构造价占比 59.9％（含预埋件及连接件），覆盖材料造价占比 14.6％，土建工程造价占比 17.7％，内遮阳造价占比 7.8％。与海南本地相同功能的普通圆拱型连拱大棚（跨度、开间、拱间距相同，肩高 2.5 m，较本文连拱大棚高 0.3 m，但无内遮阳，设计风荷载相同，其亩均造价约为 5.5 万元，如图 7 所示）设计相比，造价降低约 33％，综合考虑单体计算面积因素后造价可降低 25％～30％。对比可知，该连拱大棚投资成本控制效果显著。

另通过初步验算，在保持该连拱大棚结构形式不变的条件下，仅改变所用构件的管径（或壁厚）、基础规格和薄膜厚度，风荷载按照 0.92 kN/m²（相当于 14 级风初始风速。如按照《建筑结构荷载规范》方法取值，相当于 0.5 kN/m²）取值时，其亩均造价约为 4.8

　＊　亩为非法定计量单位，1 亩≈667 m²。——编者注

万元；风荷载按照 1.38 kN/m² （相当于 16 级风初始风速，基本达到海南登陆最大风速。如按照《建筑结构荷载规范》方法取值，相当于 0.75 kN/m²）取值时，其亩均造价约为 5.8 万元。具体使用时，可根据投资和所需抗风等级选择不同的风荷载参数。

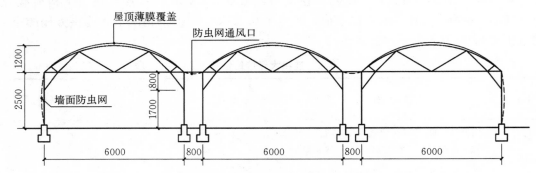

图 7　对比普通圆拱型连拱大棚示意图（单位：mm）

4　适用范围与优势分析

4.1　优势分析

（1）功能优势：该连拱大棚具有防雨、遮阳通风、结构承载力强的特点，能够满足海南夏秋淡季常年蔬菜生产要求的防雨、降温和抗台风要求。

（2）安装优势：该连拱大棚采用全装配式结构设计，能够实现大面积快速安装，施工速度快，对土壤扰动少，复垦方便，适合作为"菜篮子"常年蔬菜大棚在农田上建设。

（3）宜机优势：常见简易大棚由于造价低，一般跨度或内部空间较小，机械化操作的适应性差，仅能满足小型机械的使用。该连拱大棚在简易大棚的投资标准下，提高了跨度和空间尺寸，使得可耕作区域内部比较整齐开敞，6 m 的跨度、4 m 的开间以及 2.2 m 的肩高，能够满足中型机械的操作，宜机化水平提高。

（4）造价优势：该连拱大棚由于结构合理，单位面积的用钢量较少，建造成本得到较大幅度的降低，轻简化优势突出。

4.2　适用范围

该类连拱大棚适合以海南为代表的热区使用。在覆盖上稍加改造还可用于华中、华东、西南、华南等冬季不需要加温的地区，特别是在华东等有台风的地区应用优势明显。

参考文献

［1］刘建，王宝龙，陈艳丽，等．一种全装配式拱杆交叉连拱大棚结构：CN212696864U ［P］. 2021 - 03 - 16.

［2］农业部规划设计研究院．农业温室结构荷载规范：GB/T 51183—2016 ［S］. 北京：中国计划出版社，2016.

［3］中国建筑标准设计研究院有限公司．门式刚架轻型房屋钢结构技术规范：GB 51022—2015 ［S］. 北京：中国建筑工业出版社，2015.

［4］闫冬梅，徐开亮，张秋生，等．不同目数防虫网的风荷载试验研究 ［J］. 农业工程技术，2020，40（16）：57 - 63.

海南抗台风蔬菜生产大棚

——单栋小跨度塑料拱棚设计

单栋小跨度塑料拱棚（图 1）顶高 1.7 m，跨度为 3.3 m。拱棚采用热镀锌钢管作为其骨架的主要构件；在两个端面分别设置 2 根水泥桩，同时在长度方向上每间距 4 m，在两侧柱脚位置各设置 1 根水泥桩，用以增加主体结构在台风中的稳定性；端部两侧沿着拱屋面设置纵向支撑杆；肩部以下覆盖防虫网，形成通风口；肩部以上覆盖薄膜，并在薄膜外层覆盖遮阳率为 50%～60% 的遮阳网，遮阳网外部设置压膜线。

图 1　单栋小跨度塑料拱棚设计效果图

1　单栋小跨度塑料拱棚的设计

1.1　设计参数

恒荷载：0.06 kN/m²（含钢骨架自重）。

活荷载：0.1 kN/m²（本大棚针对海南常年蔬菜生产，以叶菜为生产对象，不考虑作物吊重）。

基本风压：0.75 kN/m²，海口地区 50 年一遇，相当于 12 级风中间风速。

1.2　几何尺寸

拱棚跨度为 3.3 m，顶高 1.7 m，拱间距为 0.8 m，长度可根据实际地形情况确定，但需满足每 5 个拱（即 4 m）设置一个主拱（图 2、图 3）。

拱棚之间预留 0.5 m 的间距作为排水沟。

棚内设置 3 个栽培垄，垄间设置 0.15 m 深的排水沟，兼作栽培走道。棚内实际操作高度能达到 1.75 m，基本满足海南地区正常操作的需求。棚型曲线参数（拱棚屋面曲线坐标点）如表 1 所示，拱棚的主要几何尺寸如图 4 所示。

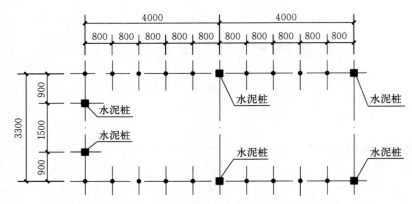

图 2　拱棚主拱（水泥桩所在轴线）布置示意图（单位：mm）

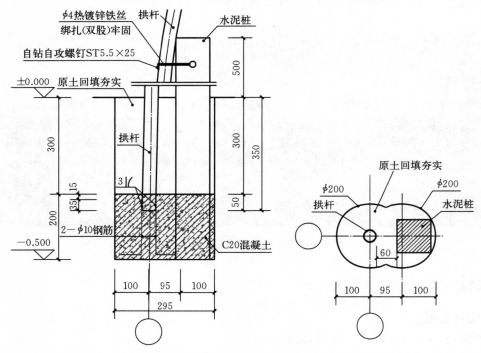

图 3　水泥桩与拱杆连接示意图（单位：标高 m，其他 mm）

表 1　拱棚屋面曲线坐标点

x（m）	y（m）	x（m）	y（m）
0.00	0.00	0.75	1.43
0.05	0.46	1.00	1.57
0.10	0.62	1.25	1.65
0.25	0.92	1.50	1.69
0.50	1.23	1.65	1.70

注：以拱架脚为坐标原点，坐标点仅给出左半拱。

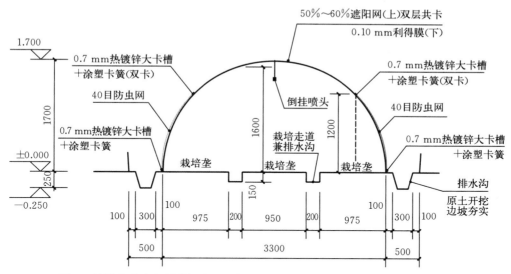

图 4　单栋小跨度塑料拱棚主要几何尺寸示意图（单位：标高 m，其他 mm）

1.3　力学计算

1.3.1　荷载标准值计算

恒荷载标准值 q_1、活荷载标准值 q_2、风荷载标准值 q_3 分别计算如下。

（1）恒荷载标准值 q_1：$0.06\ \text{kN/m}^2$。

（2）活荷载标准值 q_2：$0.1\ \text{kN/m}^2$。

（3）风荷载标准值 q_3：根据拱棚外覆盖的形式，仅考虑顶部薄膜覆盖部分受负压风荷载的作用，其风荷载体型系数 $u_s = -0.8$。将之代入风荷载标准值的计算公式 $q_3 = w_0 u_z u_s$（式中：w_0 为基本风压，取 $0.75\ \text{kN/m}^2$；u_z 为风压高度变化系数，拱棚总高度在 5 m 以内时取 1），则有 $q_3 = w_0 u_z u_s = 0.75 \times 1 \times (-0.8) = -0.6\ (\text{kN/m}^2)$。

1.3.2　荷载设计值计算

考虑最不利组合为：恒荷载＋活荷载＋风荷载。风荷载为主导荷载，由可变荷载控制效应设计值计算公式 $S_d = \sum_{j=1}^{m} \gamma_{G_j} S_{G_j k} + \gamma_{Q_1} \gamma_{L_1} S_{Q_1 k} + \sum_{i=2}^{n} \gamma_{Q_i} \gamma_{L_i} \psi_{c_i} S_{Q_i k}$ [1] 及相关计算方法计算荷载设计值。式中：$S_{G_j k}$、$S_{Q_1 k}$、$S_{Q_i k}$ 分别对应恒荷载标准值、风荷载标准值与活荷载标准值，$m=1$，$n=2$。计算时，恒荷载对结构有利，分项系数 γ_{G_j} 取值为 1；风荷载和活荷载的分项系数 γ_{Q_1}、γ_{Q_i} 取值为 1.4；风荷载与活荷载的设计使用年限调整系数 γ_{L_1}、γ_{L_i} 取值为 1；活荷载的组合值系数 ψ_{c_i} 取值为 0.7；结构重要性系数 ε 取为 0.95；拱间距 L 为 0.8 m。

计算各荷载设计值如下。

（1）恒荷载设计值：

$$\varepsilon L \sum_{j=1}^{m} \gamma_{G_j} S_{G_j k} = 0.95 \times 0.8 \times 1 \times 0.06 = 0.046 (\text{kN/m})$$

（2）风荷载设计值：

$$\varepsilon L \gamma_{Q_1} \gamma_{L_1} S_{Q_1 k} = 0.95 \times 0.8 \times 1.4 \times 1 \times (-0.6) = -0.639 (kN/m)^*$$

（3）活荷载设计值：

$$\varepsilon L \sum_{i=2}^{n} \gamma_{Q_i} \gamma_{L_i} \psi_{c_i} S_{Q_i k} = 0.95 \times 0.8 \times 1.4 \times 1 \times 0.7 \times 0.1 = 0.075 (kN/m)^*$$

1.3.3 材料强度设计

经过计算得到最大弯矩 M_y 为 0.39 kN·m，对应轴力 N 为 0.37 kN，试算选用 $\phi 40$ mm×1.8 mm 的热镀锌圆管，则设计应力计算如下（式中：A_{en} 为构件的净截面面积；W_{eny} 为截面净抵抗矩）：

$$\sigma = \frac{N}{A_{en}} \pm \frac{M_y}{W_{eny}} = \frac{0.37 \times 10^3}{2.17 \times 10^2} + \frac{0.39 \times 10^6}{1.975 \times 10^3} = 1.71 + 197.47$$
$$= 199.18 \ (N/mm^2) < [f] = 205 \ (N/mm^2)$$

设计应力（199.18 N/mm²）小于冷弯薄壁钢材（Q235）的许用应力（205 N/mm²），满足强度设计条件。

1.4 材料参数

（1）基础：基坑采用直径为 0.2 m 的钻孔器一次钻孔成型。基础下部采用 C20 混凝土现浇，现浇高度为 0.2 m。上部采用原土回填夯实。

（2）水泥桩：C20 混凝土预制。柱脚处水泥桩长度为 1 m，截面为 0.1 m×0.1 m，主筋为 4 条 6 mm 二级螺纹钢筋；端部水泥桩长度为 2.2 m，截面为 0.12 m×0.12 m，主筋为 4 条 8 mm 二级螺纹钢筋。水泥桩端部往下 0.1 m 处居中预留直径为 15 mm 的通孔。

（3）主体钢骨架：拱杆采用 $\phi 40$ mm×1.8 mm 的热镀锌圆管；脊部设置一条纵向系杆，采用 $\phi 40$ mm×1.8 mm 的热镀锌圆管；端部屋面设置纵向支撑杆，采用 $\phi 32$ mm×1.5 mm 的热镀锌圆管。

（4）覆盖材料：顶部覆盖为 0.1 mm 薄膜，薄膜外层覆盖遮阳率为 50%～60% 的遮阳网；两侧为 40 目防虫网，形成自然通风口；两端山墙面采用 40 目防虫网覆盖；沿拱棚侧向柱脚和肩部位置设置 0.7 mm 厚的热镀锌大卡槽（可双卡），卡簧采用 2 mm 涂塑卡簧。

2 单栋小跨度塑料拱棚的材料清单与造价估算

本计算实例所采用拱棚的单体长度为 44 m，跨度＋排水沟宽度为 3.3 m＋0.5 m，计算面积为 44×3.8＝167.2（m²）。计算包含了排水沟的造价，单方造价均摊面积包含排水沟。计算结果如表 2 所示。

表 2 单栋小跨度塑料拱棚材料清单与造价估算

名称	规格	单位	数量	单价（元）	合计（元）
1.0 m 预制水泥桩	0.1 m×0.1 m×1 m	根	20.00	20.00	400.00
2.2 m 预制水泥桩	0.12 m×0.12 m×2.2 m	根	4.00	44.00	176.00
基础钻孔（非主拱处）	$\phi 0.2$ m	个	96.00	4.00	384.00

---

* 考虑到结构安全，荷载计算结果向上取值，而非常规的四舍五入。——编者注

（续）

名称	规格	单位	数量	单价（元）	合计（元）
基础钻孔（主拱处）	直径 0.2 m＋直径 0.2 m，对称分布	个	20.00	8.00	160.00
基础现浇混凝土	C20	m³	0.85	350.00	297.50
排水沟挖土	断面 0.3 m×0.3 m	m³	3.38	20.00	67.60
拱杆	热镀锌管 ϕ40 mm×1.8 mm	m	336.00	13.44	4515.84
拱杆地脚钢筋	8 mm 二级螺纹钢筋	m	42.00	11.00	462.00
纵向系杆	热镀锌管 ϕ40 mm×1.8 mm	m	44.00	13.44	591.36
门横梁	热镀锌管 ϕ32 mm×1.5 mm	m	4.00	9.04	36.16
纵向支撑杆	热镀锌管 ϕ32 mm×1.5 mm	m	6.00	9.04	54.24
卡槽	0.7 mm 热镀锌大卡槽	m	204.00	4.00	816.00
卡簧	2 mm 涂塑卡簧	m	298.00	0.80	238.40
十字卡件	热镀锌 40 mm×40 mm	个	12.00	3.00	36.00
十字卡簧	热镀锌 40 mm×40 mm	个	44.00	0.80	35.20
环形抱箍	热镀锌 ϕ40 mm×2 mm	个	8.00	1.00	8.00
热镀锌铁丝	ϕ4 mm	m	96.00	0.60	57.60
防虫网	40 目，幅宽 2 m	m²	196.00	1.80	352.80
薄膜	0.10 mm，幅宽 3 m	m²	135.00	1.60	216.00
遮阳网	60%，幅宽 3 m	m²	135.00	1.50	202.50
安装及小五金	含排水沟	m²	167.20	5.00	836.00
	合计				9943.20
	平均造价（元/m²）				59.47
	亩均造价（元）				39665.76

注：以上造价估算不含税，价格仅供参考。

3 讨论

3.1 优点

（1）建造用地灵活，后期维护使用方便。

（2）针对轻钢结构质量轻，不利于抵抗台风的特点，在适当位置布置了水泥桩，显著提高了拱棚的稳定性和抗侧倾、抗拔起的能力。

（3）四周通风口的自然通风与顶部遮阳网的遮阳措施，能较好地降低种植层高度的温度。

（4）顶部薄膜能够阻挡暴雨对蔬菜的袭击，肩部防虫网能缓冲暴雨的冲击力，可较大程度地降低雨水对蔬菜幼苗的冲刷。

3.2 缺点

为了提高抗风性，同时又考虑到经济性的要求，拱棚的高度较低，仅能保证人进入操作，不利于机械化作业，适合农户进行小面积种植。

参考文献

[1] 中华人民共和国住房和城乡建设部. 建筑结构荷载规范：GB 50009—2012 [S]. 北京：中国建筑工业出版社，2012.

海南抗台风蔬菜生产大棚

——单栋中跨度塑料拱棚设计

高温高湿、台风、暴雨等是制约海南本地蔬菜夏秋淡季生产的主要因素，因此设施栽培成为保证周年蔬菜供应的主要生产方式和手段。近年来海南设施栽培快速发展，但缺乏较为系统的研究，除管理方面的原因外，最大的问题就是缺乏针对海南地区夏秋极端气候特点的规范化专用大棚类型，使得现有常年蔬菜大棚设计标准在海南夏秋蔬菜生产中适应性欠佳，存在夏秋季热害、抗风能力差等不足，阻碍了蔬菜大棚的进一步发展。基于海南的气候和蔬菜种植特点，本文设计的夏秋新型抗台风蔬菜大棚具备以下五个特点：①经济实用，后期维护操作简便；②骨架设计抗风级别可达 12 级；③棚内自然通风良好，温度适宜；④屋顶防雨或能够缓冲暴雨冲刷；⑤基础设计合理，既能抗台风，又不破坏耕地。该大棚在 2016 年 10 月的台风"莎莉嘉"中经受住考验，台风过后能够保持正常生产。

1 单栋中跨度塑料拱棚的设计

单栋中跨度塑料拱棚如图 1 所示。拱棚顶高 2.5 m，跨度为 5.0 m，采用热镀锌钢管作为其结构的主要构件；在两个端部山墙面分别设置 2 根热镀锌钢管立柱（图 1 中的门立柱），同时在长度方向上每间距 4.2 m，在两侧柱脚位置各设置 1 根水泥桩，用以增加主体结构在台风中的稳定性；端部两侧沿着拱屋面设置纵向支撑杆；肩部以下覆盖防虫网，形成通风口；肩部以上覆盖薄膜，并在薄膜外层覆盖遮阳率为 50% 的遮阳网，遮阳网外部设置压膜线。

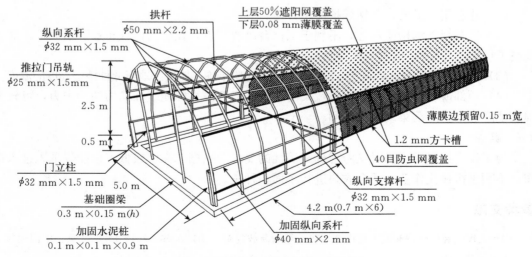

图 1 单栋中跨度塑料拱棚示意图

1.1　设计参数

恒荷载：0.05 kN/m² （含钢骨架自重）。

活荷载：0.05 kN/m² （本大棚针对海南常年蔬菜生产，以叶菜为生产对象，不考虑作物吊重）。

基本风压：0.75 kN/m²，海口地区 50 年一遇，相当于 12 级风中间风速。

1.2　几何尺寸

拱棚跨度为 5.0 m，顶高 2.5 m，拱间距为 0.7 m，长度可根据实际地形情况确定，但需满足每 6 个拱（即 4.2 m）设置一个主拱（图 2）。

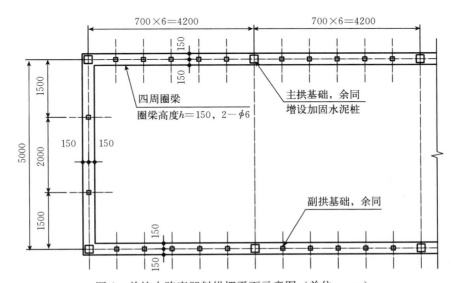

图 2　单栋中跨度塑料拱棚平面示意图（单位：mm）

拱棚之间预留 0.6～0.8 m 的间距作为操作通道及排水沟。

棚内设置 3 个栽培垄，垄间设置 0.3 m 深的排水沟，兼作操作走道。棚内走道处实际操作高度可达到 2.25 m 以上，基本满足小型园艺机械正常操作的需求。

棚型曲线是半径为 2.5 m 的半圆拱。

1.3　力学分析计算

1.3.1　荷载标准值与设计值分析计算

恒荷载标准值 q_1、活荷载标准值 q_2、风荷载标准值 q_3 分别计算如下。

（1）恒荷载标准值 q_1：0.05 kN/m²。

（2）活荷载标准值 q_2：0.05 kN/m²。

（3）风荷载标准值 q_3：根据拱棚外覆盖的形式（按四周开敞式），拱屋面薄膜覆盖部分的风荷载体型系数按三段考虑：迎风面，$u_{s1}=1.0$；背风面，$u_{s2}=-0.6$；屋顶面，$u_{s3}=-1.0$[1]。风压高度变化系数 $u_z=1.0$。基本风压 w_0 取 0.75 kN/m²。则迎风面、背风面与屋顶面的风荷载标准值为：

$$q_{31}=w_0 u_z u_{s1}=0.75\times1.0\times1.0=0.75\ (kN/m^2)$$

$$q_{32}=w_0 u_z u_{s2}=0.75\times1.0\times(-0.6)=-0.45\ (kN/m^2)$$

$$q_{33} = w_0 u_z u_{s3} = 0.75 \times 1.0 \times (-1.0) = -0.75 \ (\text{kN/m}^2)$$

考虑 2 种不利组合：恒荷载＋风荷载，恒荷载＋活荷载＋风荷载。风荷载为主导荷载，由可变荷载控制效应设计值的计算公式 $S_d = \sum_{j=1}^{m} \gamma_{G_j} S_{G_j k} + \gamma_{Q_1} \gamma_{L_1} S_{Q_1 k} + \sum_{i=2}^{n} \gamma_{Q_i} \gamma_{L_i} \psi_{c_i} S_{Q_i k}$[2] 及相关的计算方法计算荷载设计值。公式中的 $S_{G_j k}$、$S_{Q_1 k}$、$S_{Q_i k}$ 分别对应 q_1、q_3 与 q_2，$m = 1$，$n = 2$。计算时，恒荷载对结构有利，分项系数 γ_{G_j} 取值为 1；风荷载和活荷载的分项系数 γ_{Q_1}、γ_{Q_i} 取值为 1.4；风荷载与活荷载的设计使用年限调整系数 γ_{L_1}、γ_{L_i} 取值为 1；第 i 个可变荷载（活荷载）的组合值系数 ψ_{c_i} 取值为 0.7；开间 $L = 0.7$ m（拱间距）。计算各荷载设计值如下（结构重要性系数 ε 取值为 0.95）。

（1）恒荷载设计值 Q_1：

$$Q_1 = \varepsilon L \sum_{j=1}^{m} \gamma_{G_j} S_{G_j k} = 0.95 \times 0.7 \times 1 \times q_1 = 0.03325 (\text{kN/m})$$

（2）活荷载设计值 Q_2：

$$Q_2 = \varepsilon L \sum_{i=2}^{n} \gamma_{Q_i} \gamma_{L_i} \psi_{c_i} S_{Q_i k} = 0.95 \times 0.7 \times 1.4 \times 1 \times 0.7 \times q_2$$
$$= 0.03259 (\text{kN/m})$$

（3）风荷载设计值 Q_3（迎风面 Q_{31}、背风面 Q_{32}、屋顶面 Q_{33}）：

$$Q_{31} = \varepsilon L \gamma_{Q_1} \gamma_{L_1} S_{Q_1 k} = 0.95 \times 0.7 \times 1.4 \times 1 \times q_{31} = 0.69825 \ (\text{kN/m})$$
$$Q_{32} = \varepsilon L \gamma_{Q_1} \gamma_{L_1} S_{Q_1 k} = 0.95 \times 0.7 \times 1.4 \times 1 \times q_{32} = -0.41895 \ (\text{kN/m})$$
$$Q_{33} = \varepsilon L \gamma_{Q_1} \gamma_{L_1} S_{Q_1 k} = 0.95 \times 0.7 \times 1.4 \times 1 \times q_{33} = -0.69825 \ (\text{kN/m})$$

1.3.2 材料强度设计

采用结构计算软件进行计算，计算模型如图 3 所示。两端柱脚与基础的连接为固定铰支座（铰接）。通过计算，在不同荷载组合作用下，最大内力对应的构件为构件 3 与构件 4，弯矩（M_x）和轴力（N）分别为 -0.88 kN·m、0.32 kN。拱杆试算选用 $\phi 50$ mm× 2.2 mm 的热镀锌圆管（Q235 冷弯薄壁型钢，强度设计值 $[f]$ 为 205 N/mm²），则拱杆应力（σ）值为：

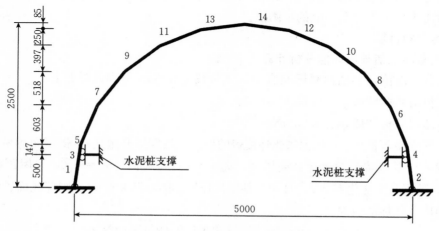

图 3　拱棚结构计算模型图（单位：mm）

注：1～14 为杆件编号。

$$\sigma = \frac{N}{A_{en}} \pm \frac{M_x}{\gamma_x W_{nx}} = \frac{0.32 \times 10^3}{3.3 \times 10^2} + \frac{0.88 \times 10^6}{1.15 \times 3.78 \times 10^3} = 0.97 + 202.44$$
$$= 203.41 \ (\text{N/mm}^2) < [f] = 205 \ (\text{N/mm}^2)$$

式中：A_{en} 为拱杆的有效净截面面积；γ_x 为截面塑性发展系数，圆管取 1.15；W_{nx} 为净截面模量。

满足强度条件。

1.4　材料参数

（1）基础：采用条形基础；条形基础宽 0.30 m，深 0.5 m，下部 0.15 m 高范围内采用 C20 混凝土现浇，配 6 mm HPB300 钢筋两条（圈梁），上部采用原土回填夯实，如图 4 所示。

（2）加固水泥桩：C20 混凝土预制；水泥桩长度为 0.9 m，截面为 0.1 m×0.1 m，配 8 mm HPB400 钢筋两条；水泥桩端部居中预留半径为 50 mm 的半凹槽，如图 5 所示。

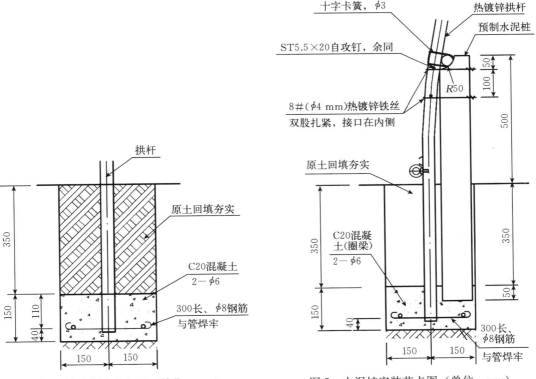

图 4　基础安装节点图（单位：mm）　　　　图 5　水泥桩安装节点图（单位：mm）

（3）主体钢骨架：拱杆采用 ϕ50 mm×2.2 mm 的热镀锌圆管；沿着拱棚脊部、两侧肩部各设置 1 条纵向系杆，共计 3 条，采用 ϕ32 mm×1.5 mm 的热镀锌圆管；两侧加固水泥桩顶部各设置 1 条加固纵向系杆，共计 2 条，采用 ϕ40 mm×2 mm 的热镀锌圆管；端部屋面设置纵向支撑杆，采用 ϕ32 mm×1.5 mm 的热镀锌圆管；主拱位置的拱杆和纵向系杆采用十字卡件（U 型螺栓）连接，副拱位置的拱杆和纵向系杆采用热镀锌十字卡簧连接。

（4）覆盖材料：顶部薄膜为 0.08 mm 薄膜，薄膜外层覆盖遮阳率为 50% 的遮阳网，并采用压膜线压紧，压膜线固定在柱脚吊环上（图6）；两端山墙面及两侧覆盖 40 目防虫网，形成自然通风口；在柱脚和肩部设置 1.2 mm 厚的热镀锌方卡槽（可双卡），卡簧采用 2 mm 涂塑卡簧。

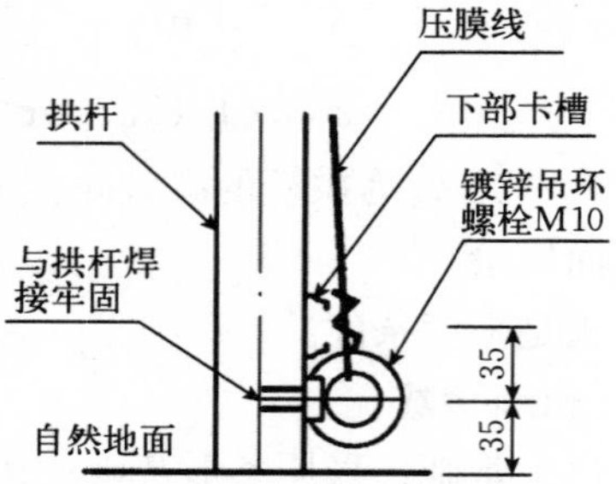

图 6 压膜线安装节点图（单位：mm）

2　单栋中跨度塑料拱棚的材料清单

本计算实例所采用拱棚的单体长度为 42 m，跨度为 5 m，计算面积为 42×5＝210（m²）。拱棚的材料清单表如表 1 所示。

表 1　拱棚的材料清单表

名　　称	规　　格	单　位	数　　量
0.9 m 预制水泥桩	0.1 m×0.1 m×0.9 m	根	22.00
挖基础土方	开挖截面 0.3 m×0.5 m	m³	14.10
基础现浇混凝土	C20	m³	6.58
基础回填土方	原土回填	m³	7.52
基础钢筋	6 mm HPB300 钢筋	kg	127.91
拱杆	ϕ50 mm×2.2 mm×8.8 m（长）	根	61.00
水泥桩顶纵梁（加固纵向系杆）	ϕ40 mm×2 mm	m	84.00
纵向系杆（拱面）	ϕ32 mm×1.5 mm	m	126.00
门立柱	ϕ32 mm×1.5 mm	m	9.20
山墙横梁（推拉门吊轨）	ϕ25 mm×1.5 mm	m	6.00
纵向支撑杆	ϕ32 mm×1.5 mm	m	28.80
卡槽	1.2 mm 方卡槽	m	196.00
卡簧	2 mm 涂塑卡簧	m	280.00
十字卡件	ϕ32 mm×50 mm	个	33.00
十字卡件	ϕ40 mm×50 mm	个	22.00
十字卡簧	ϕ3 mm，32 mm×50 mm	个	150.00
十字卡簧	ϕ3 mm，40 mm×50 mm	个	100.00
环形抱箍	ϕ42 mm×3 mm	个	16.00
热镀锌铁丝	ϕ4 mm	m	44.00
防虫网	40 目，幅宽 2 m	m²	205.00
薄膜	0.08 mm，幅宽 6 m	m²	255.00
遮阳网	50%，幅宽 6 m	m²	255.00
门（含导轨）	2 m×2 m	m²	4.00
压膜线	白色	m	340.00
吊环螺栓	M10	个	42.00

3　讨论

（1）针对轻钢结构质量轻，不利于抵抗台风的特点，采用条形基础（圈梁），显著提高了拱棚的稳定性和抗拔起的能力；部分增加了加固水泥桩，拱棚抗侧倾的能力也得到了提升。

（2）条形基础（圈梁）仅在下部 15 cm 高范围内进行混凝土浇筑，上部的 35 cm 采用原土回填，不影响耕作，对种植地的影响较小；预制的水泥桩易清理。

（3）拱棚下部四周形成良好的自然通风，加上顶部遮阳网的遮阳作用，能较大地降低棚内尤其是种植区的环境温度。

（4）顶部薄膜能够阻挡暴雨对蔬菜的袭击，肩部防虫网能缓冲暴雨的冲击力，能够保证台风暴雨季节的正常使用，实现海南地区蔬菜周年生产。

（5）室内空间开敞，适合小型园艺机械操作。

参考文献

［1］贾永新，张勇，李斌. 开敞式拱形波纹钢屋盖的风压分布及体型系数研究［J］. 建筑结构学报，2010，S2：159-164.

［2］中华人民共和国住房和城乡建设部. 建筑结构荷载规范：GB 50009—2012［S］. 北京：中国建筑工业出版社，2012.

海南抗台风蔬菜生产大棚

——单栋大跨度塑料拱棚设计

单栋大跨度塑料拱棚（图 1）顶高 2.05 m，跨度为 7.0 m，采用热镀锌钢管作为其结构的主要构件；在两个端面分别设置 2 根水泥桩，同时在长度方向上每间距 4.2 m，在两侧柱脚位置及中部各设置 1 根水泥桩，用以增加主体结构在台风中的稳定性；端部两侧沿着拱屋面设置纵向支撑杆；肩部以下覆盖防虫网，形成通风口；肩部以上覆盖薄膜，并在薄膜外层覆盖遮阳率为 50%～60% 的遮阳网，遮阳网外部设置压膜线。

图 1　单栋大跨度塑料拱棚效果图

1　单栋大跨度塑料拱棚的设计

1.1　设计参数

恒荷载：0.06 kN/m²（含钢骨架自重）。

活荷载：0.1 kN/m²（本大棚针对海南常年蔬菜生产，以叶菜为生产对象，不考虑作物吊重）。

基本风压：0.75 kN/m²，海口地区 50 年一遇，相当于 12 级风中间风速。

1.2　几何尺寸

拱棚跨度为 7.0 m，顶高 2.05 m，拱间距为 0.6 m，长度可根据实际地形情况确定，但需满足每 7 个拱（即 4.2 m）设置一个主拱（图 2、图 3）。

拱棚之间预留 0.7 m 的间距作为排水沟。

棚内设置 5 个栽培垄，垄间设置 0.15 m 深的排水沟，兼作栽培走道。棚内实际操作高度可达到 1.85～2.00 m，基本满足海南地区正常操作的需求。棚型曲线参数（拱棚屋面曲线坐标点）如表 1 所示，拱棚的主要几何尺寸如图 4 所示。

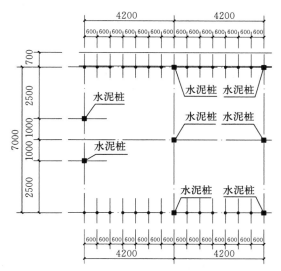

图2　拱棚主拱（水泥桩所在轴线）布置示意图（单位：mm）

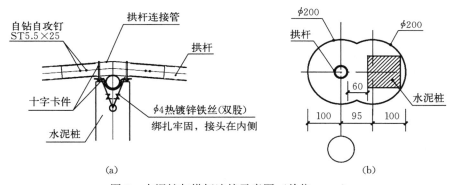

图3　水泥桩与拱杆连接示意图（单位：mm）

（a）屋脊处　（b）柱脚处

表1　拱棚屋面曲线坐标点

x (m)	y (m)	x (m)	y (m)
0	0	1.1	1.615
0.1	0.547	1.4	1.724
0.2	0.829	1.7	1.805
0.3	1.005	2.0	1.868
0.4	1.136	2.3	1.918
0.5	1.24	2.6	1.958
0.6	1.327	2.9	1.992
0.7	1.401	3.2	2.022
0.8	1.465	3.5	2.05

注：以拱架脚为坐标原点，坐标点仅给出左半拱。

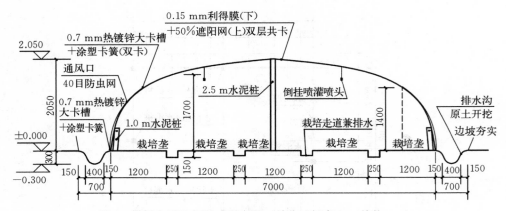

图 4　拱棚主要几何尺寸示意图（单位：标高 m，其他 mm）

1.3　力学分析计算

1.3.1　荷载标准值与设计值分析计算

恒荷载标准值 q_1、活荷载标准值 q_2、风荷载标准值 q_3 分别计算如下。

（1）恒荷载标准值 q_1：0.06 kN/m²。

（2）活荷载标准值 q_2：0.1 kN/m²。

（3）风荷载标准值 q_3：根据拱棚外覆盖的形式，仅考虑顶部薄膜覆盖部分有风荷载的作用，其风荷载体型系数 $u_s=-0.8$，风压高度变化系数 $u_z=1$，基本风压 w_0 取 0.75 kN/m²。则

$$q_3=w_0 u_z u_s=0.75\times1\times(-0.8)=-0.6\ (kN/m^2)$$

考虑最不利组合为：恒荷载+活荷载+风荷载。风荷载为主导荷载，由可变荷载控制效应设计值的计算公式 $S_d=\sum_{j=1}^{m}\gamma_{G_j}S_{G_jk}+\gamma_{Q_1}\gamma_{L_1}S_{Q_1k}+\sum_{i=2}^{n}\gamma_{Q_i}\gamma_{L_i}\psi_{c_i}S_{Q_ik}$[1] 及相关的计算方法计算荷载设计值。计算时，$S_{G_jk}$、$S_{Q_1k}$、$S_{Q_ik}$ 分别对应 q_1、q_3、q_2；结构重要性系数 ε 取 0.95；恒荷载对结构有利，分项系数 γ_{G_j} 取值为 1；风荷载和活荷载的分项系数 γ_{L_1}、γ_{L_i} 取值为 1.4；活荷载的组合值系数 ψ_{c_i} 取值为 0.7，这里 $n=2$；拱间距 $L=0.6$ m。计算各荷载设计值如下。

（1）恒荷载设计值：

$$\varepsilon L\sum_{j=1}^{m}\gamma_{G_j}S_{G_jk}=0.95\times0.6\times1\times q_1=0.0342(kN/m)$$

（2）风荷载设计值：

$$\varepsilon L\gamma_{Q_1}\gamma_{L_1}S_{Q_1k}=0.95\times0.6\times1.4\times q_3=-0.479(kN/m)$$

（3）活荷载设计值：

$$\varepsilon L\sum_{i=2}^{n}\gamma_{Q_i}\gamma_{L_i}\psi_{c_i}S_{Q_ik}=0.95\times0.6\times1.4\times0.7\times q_2=0.056(kN/m)$$

1.3.2　材料强度设计

将上述设计值加载到结构模型上，通过"结构力学求解器"计算得到拱杆上的最大弯矩 M_y 为 0.56 kN·m，对应轴力 N 为 0.15 kN，试算选用 ϕ48 mm×1.8 mm 的热镀锌圆管，则设计应力 σ 计算如下（式中：A_{en} 为构件的净截面面积；W_{eny} 为截面净抵抗矩）：

$$\sigma = \frac{N}{A_{en}} \pm \frac{M_y}{W_{eny}} = \frac{0.15 \times 10^3}{2.61 \times 10^2} + \frac{0.56 \times 10^6}{2.91 \times 10^3} = 0.5747 + 192.44$$

$$= 193.0147(\text{N/mm}^2) < [f] = 205(\text{N/mm}^2)$$

满足强度设计条件。

1.4 材料参数

（1）基础：基坑采用直径 0.20 m 的钻孔机一次钻孔成型；基础下部采用 C20 混凝土现浇，高度为 0.2 m，上部采用原土回填夯实。

（2）水泥桩：C20 混凝土预制。柱脚处水泥桩长度为 1 m，截面为 0.1 m×0.1 m，主筋为 4 条直径 6 mm 的二级螺纹钢筋；端部水泥桩、中部水泥桩的长度为 2.5 m，截面为 0.12 m×0.12 m，配筋为 4 条直径 8 mm 的二级螺纹钢筋。水泥桩端部 0.1 m 处居中预留直径 15 mm 的通孔。

（3）主体钢骨架：拱杆采用 ϕ48 mm×1.8 mm 的热镀锌圆管；脊部设置一条纵向系杆，采用 ϕ48 mm×1.8 mm 的热镀锌圆管；屋面两侧肩部各设置 2 条纵向系杆，端部屋面设置纵向支撑杆，采用 ϕ32 mm×1.5 mm 的热镀锌圆管；主拱位置的拱杆和纵向系杆采用十字卡件连接，副拱位置的拱杆和纵向系杆采用十字卡簧连接。

（4）覆盖材料：顶部薄膜为 0.15 mm 薄膜，薄膜外层覆盖遮阳率为 50% 的遮阳网；两端山墙面及两侧覆盖 40 目防虫网，形成自然通风口；在柱脚和肩部设置 0.7 mm 厚的热镀锌大卡槽（可双卡），卡簧采用 2 mm 涂塑卡簧。

2 单栋大跨度塑料拱棚的材料清单与造价估算

本计算实例所采用拱棚的单体长度为 42 m，跨度为 7 m，棚间距（排水沟宽度）为 0.7 m，计算面积为 42×7.7＝323.4（m²）。计算包含了排水沟的造价，单方造价均摊面积包含排水沟。计算结果如表 2 所示。

表 2 单栋大跨度塑料拱棚的材料清单与造价估算

名　称	规　格	单位	数量	单价（元）	合计（元）
1.0 m 预制水泥桩	0.1 m×0.1 m×1 m	根	18.00	20.00	360.00
2.5 m 预制水泥桩	0.12 m×0.12 m×2.5 m	根	13.00	50.00	650.00
基础钻孔	直径 0.2 m	个	137.00	4.00	548.00
基础钻孔	主拱处，直径 0.2 m＋直径 0.2 m，对称分布	个	18.00	8.00	144.00
基础现浇混凝土	C20	m³	0.65	350.00	227.50
排水沟挖土	断面 0.3 m×0.3 m	m³	3.87	20.00	77.40
拱杆	热镀锌管 ϕ48 mm×1.8 mm×5000 mm	根	156.00	76.50	11934.00
拱杆地脚钢筋	8 mm 二级螺纹钢筋	m	31.20	11.00	343.20
屋脊纵向系杆	热镀锌管 ϕ48 mm×1.8 mm	m	42.00	15.30	642.60
两侧纵向系杆	热镀锌管 ϕ32 mm×1.5 mm	m	168.00	8.96	1505.28
纵向支撑杆	热镀锌管 ϕ32 mm×1.5 mm	m	6.00	8.96	53.76
卡槽	0.7 mm 热镀锌大卡槽	m	210.00	4.00	840.00
卡簧	2 mm 涂塑卡簧	m	315.00	0.80	252.00

（续）

名　称	规　格	单位	数量	单价（元）	合计（元）
十字卡件	热镀锌 48 mm×40/48 mm×32 mm	个	55.00	4.50	247.50
十字卡簧	热镀锌 48 mm×40/48 mm×32 mm	个	300.00	1.20	360.00
拱连接管	热镀锌管 ϕ48 mm×2 mm×500 mm	根	78.00	12.00	936.00
环形抱箍	热镀锌 ϕ48 mm×2 mm	个	8.00	1.20	9.60
热镀锌铁丝	ϕ4 mm	m	176.00	0.60	105.60
防虫网	40 目，幅宽 2.5 m	m²	252.50	1.80	454.50
薄膜	0.15 mm，幅宽 7 m	m²	301.00	1.60	481.60
遮阳网	50%，幅宽 6 m	m²	301.00	1.50	451.50
安装及小五金	含排水沟	m²	323.40	5.00	1617.00
合计					22241.69
单方造价（元/m²）					68.77
亩均造价（元）					45871.29

注：①以上造价估算不含税，价格仅供参考；②表中数据不闭合由四舍五入引起，非计算错误。

3　讨论

3.1　优点

（1）针对轻钢结构质量轻，不利于抵抗台风的特点，部分增加了水泥桩，显著提高了拱棚的稳定性及抗侧倾、抗拔起的能力。

（2）两端及两侧形成良好的自然通风，加上顶部的遮阳网的遮阳作用，能极大地降低棚内尤其是种植区的环境温度。

（3）顶部薄膜能够阻挡暴雨对蔬菜的袭击，肩部防虫网能缓冲暴雨的冲击力，较大程度地降低雨水对蔬菜幼苗的冲刷。

（4）本大棚的室内空间较前文所述的小跨度塑料拱棚的室内空间大，更加方便操作。

（5）建造用地灵活，后期维护使用方便。

3.2　缺点

为了提高抗风性，采用了较多的水泥桩，不利于机械化操作，材料安装及拆除费时费工，适合农户小面积种植。

参考文献

[1] 中华人民共和国住房和城乡建设部．建筑结构荷载规范：GB 50009—2012 [S]．北京：中国建筑工业出版社，2012．

海南夏秋抗台风蔬菜生产大棚设计

——连栋荫网棚

连栋荫网棚（图 1）顶高 2.3 m，跨度和开间均为 5.0 m，采用预制水泥立柱作为其结构的主要构件；屋顶采用热镀锌钢绞线将各立柱连接并作为屋顶遮阳网的支撑构件；四周采用热镀锌钢绞线作为斜拉索，与屋顶的热镀锌钢绞线形成一个整体，保持结构的稳定性；屋面采用平屋面结构形式，屋面覆盖为固定的防虫网，用于缓冲暴雨对蔬菜的冲刷；室内设置手动内遮阳网，采用手动方式可实现全开或全关，用于降低种植区域的温度。

图 1 连栋荫网棚效果图

1 连栋荫网棚的设计

1.1 设计参数

（1）恒荷载：0.05 kN/m²（含钢索等自重）。

（2）活荷载：0.05 kN/m²（本大棚针对海南常年蔬菜生产，以叶菜为生产对象，不考虑作物吊重）。

（3）基本风压：0.75 kN/m²，海口地区 50 年一遇，相当于 12 级风中间风速。

1.2 几何尺寸

荫网棚跨度为 5.0 m，开间为 5.0 m，顶高 2.3 m，内遮阳高 2.0 m（图 2），连栋和开建数可根据实际地形情况确定，但单个荫网棚的面积应小于 2500 m²。

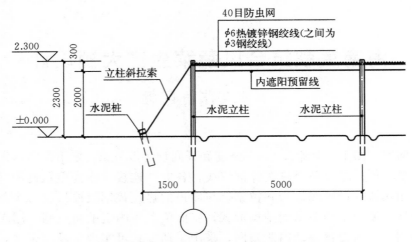

图2　连栋荫网棚剖面结构示意图（单位：标高 m，其他 mm）

荫网棚四周的斜拉索与四周立柱的距离为 1.5 m。

棚内设置 3～4 个栽培垄。垄间设置 0.15 m 深的排水沟，兼作操作走道。

1.3　材料强度设计

本文主要校核了水泥立柱的强度。经过校核，水泥立柱上的最大弯矩为 0.73 kN·m，对应轴力为 4.70 kN；柱下端单侧计算配筋面积 $A_s = 59$ mm²，拟配 4 条 $\phi 8$ mm 的二级钢筋，每侧 2 条，单侧 $A_s = 79$ mm²，满足要求；箍筋为 $\phi 6$ mm 的二级钢筋，间距为 0.15 m。

1.4　材料参数

（1）基础：主立柱的基坑为 0.4 m×0.4 m×0.7 m（h），水泥桩的基坑为 0.7 m×0.7 m×0.7 m（h）；基础下部采用 C25 混凝土现浇，高度为 0.3 m，上部采用原土回填夯实。

（2）预制水泥立柱和水泥桩：C25 混凝土预制。主立柱长度为 3 m，截面尺寸为 0.12 m×0.12 m；四周水泥桩的长度为 1 m，截面为 0.12 m×0.12 m。水泥立柱和水泥桩在其端部 0.1 m 处居中预留直径 15 mm 的通孔。

（3）屋顶钢绞线：采用 $\phi 6$ mm 的热镀锌钢绞线作为屋顶防虫网的主要受力构件；采用 $\phi 3$ mm 的热镀锌钢绞线作为手动遮阳网的主要受力构件；四周的斜拉索采用 $\phi 8$ mm 的热镀锌钢绞线；钢绞线穿过水泥立柱或水泥桩顶部的预留孔，采用钢丝绳卡与水泥立柱或水泥桩连接并固定（图3、图4），钢绞线应采用拉力器拉紧；为了增加水泥立柱和水泥桩顶部的强度，每根水泥立柱或水泥桩的顶部设置

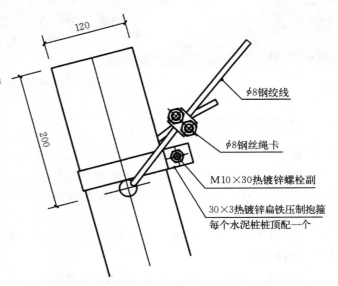

图3　连栋荫网棚水泥桩桩顶连接示意图（单位：mm）

热镀锌钢抱箍一个（图5）。

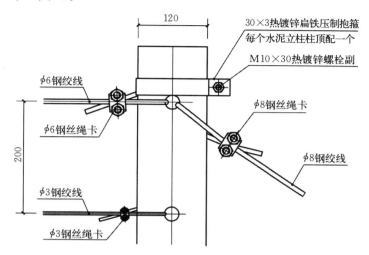

图4　连栋荫网棚主立柱柱顶连接示意图（单位：mm）

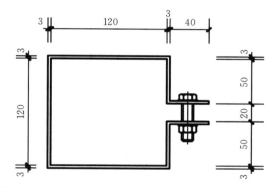

图5　连栋荫网棚主立柱柱顶（水泥桩桩顶）抱箍示意图（单位：mm）

（4）覆盖材料：顶部覆盖材料为40目防虫网，手动遮阳网的遮阳率为60％，防虫网与遮阳网均采用扎带绑扎于钢绞线上；遮阳网通过间距1 m的聚酯托幕线支撑；荫网棚的四周开敞、无覆盖。

2　连栋荫网棚的材料清单与造价估算

本计算实例所采用的荫网棚长度为30 m，宽度为25 m，计算面积为30×25＝750（m²）。计算结果如表1所示。

表1　连栋荫网棚的材料清单与造价估算表

名　　称	规　　格	单　位	数　量	单价（元）	合计（元）
3.0 m预制水泥立柱（主立柱）	0.12 m×0.12 m×3 m	根	42.00	75.00	3150.00
1.0 m预制水泥桩（斜拉桩）	0.12 m×0.12 m×1 m	根	26.00	25.00	650.00
挖基础土方（主立柱处）	0.4 m×0.4 m×0.7 m	个	42.00	6.00	252.00
挖基础土方（水泥桩处）	0.7 m×0.7 m×0.7 m	个	26.00	15.00	390.00

（续）

名　称	规　格	单位	数量	单价（元）	合计（元）
基础现浇混凝土	C25	m³	5.84	550.00	3210.90
回填土方（主立柱处）	人工夯实	m³	2.45	35.00	85.61
回填土方（水泥桩处）	人工夯实	m³	4.95	35.00	173.12
水平拉筋（上层）	$\phi 6$ mm 热镀锌钢绞线	m	390.50	4.20	1640.10
水平拉筋（下层）	$\phi 3$ mm 热镀锌钢绞线	m	390.50	1.50	585.75
四周斜拉索	$\phi 8$ mm 热镀锌钢绞线	m	85.80	7.50	643.50
防虫网斜拉索	$\phi 3$ mm 热镀锌钢绞线	m	330.00	1.50	495.00
柱顶抱箍	0.12 m×0.12 m 热镀锌，含螺栓	套	68.00	25.00	1700.00
防虫网	40 目，幅宽 5.2 m	m²	900.00	5.00	4500.00
遮阳网	60%，幅宽 5.2 m	m²	900.00	4.00	3600.00
预制立柱运输	汽车运输	m²	750.00	3.00	2250.00
安装及小五金	安装、螺栓、扎带、铁丝、遮阳网套管、托幕线等	m²	750.00	16.00	12000.00
合计（元）					35325.98
单方造价（元/m²）					47.10
亩均造价（元）					31416.57

注：①以上造价估算不含税，价格仅供参考；②表中数据不闭合由四舍五入引起，非计算错误。

3　讨论

3.1　优点

（1）由水泥立柱及斜拉钢索等组成的结构体系，具有自重大、结构简易、稳定性好的优点。

（2）屋顶采用防虫网覆盖，能够有效地对暴雨形成缓冲，避免暴雨对蔬菜的直接冲刷。

（3）内部设置手动遮阳网。可根据光照和温度的要求开关遮阳网，避免阳光直射，达到降低棚内局部温度的作用；在台风来临之前可全部收拢扎牢，避免台风对其造成损坏，台风过后，能够迅速恢复生产。

（4）通透开敞的环境进一步避免温室效应导致的高温，有利于夏季生产。

（5）造价低。

3.2　缺点

为了提高荫网棚的抗风性，采用了较多的水泥立柱，不利于机械化操作，材料安装及拆除费时费工；荫网棚在功能上仅考虑缓冲暴雨和遮阳降温，环境调节能力相对较差。

三亚地区常年蔬菜大棚改造方案设计研究

海南属热带季风海洋性气候，夏秋季节受高温多雨、台风频发等自然因素和传统种植习惯等社会因素的影响，蔬菜自给率低，从外地调入大量蔬菜补充本地市场，物流成本、人工搬卸费、途中损耗等导致海南夏秋淡季的蔬菜价格一直位居全国前列。为了满足海南城镇居民"菜篮子"的需求，稳定蔬菜市场价格，海南近几年大力推进常年蔬菜生产基地建设项目。根据报道，海南 2011 年新增常年蔬菜种植面积 2401 hm²，2012 年落实新增常年蔬菜基地面积 2001 hm²，使全省常年蔬菜基地面积在 2012 年年底达到 7337 hm²，最终实现重点市县蔬菜自给率达到 90％、一般市县蔬菜自给率达到 70％的目标[1]。

三亚市 2012 年财政继续加大投入，全力支持常年蔬菜基地建设，包括新建、改造大棚设施，建设田头预冷库，建设工厂化育苗中心等[2]。三亚市的设施西甜瓜发展起步较早，全市现有西甜瓜设施大棚规模较大，由于连作障碍的问题，大量的设施已不太适合种植西甜瓜。因此，三亚市在推进常年蔬菜基地建设的过程中，比较重视对这部分设施进行改造升级，以适应和满足常年蔬菜的生产需求，同时也能节约建设成本，避免重复建设和材料浪费。

1 改造设施的型号、规格及改造内容

1.1 GPSG－422 型连栋薄膜拱棚改造

1.1.1 GPSG－422 型连栋薄膜拱棚参数

GPSG－422 型连栋薄膜拱棚跨度为 4 m，开间为 2 m，肩高 2 m，顶高 3.0～3.2 m，肩部通风口宽 0.8 m；拱棚顶部采用塑料薄膜进行覆盖，肩部及拱棚四周采用防虫网进行覆盖，起到防雨通风的作用。其典型结构形式如图 1 所示。

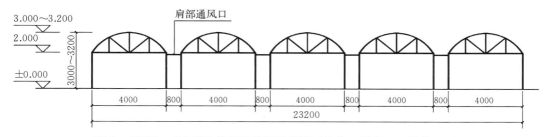

图 1 GPSG－422 型连栋薄膜拱棚示意图（单位：标高 m，其他 mm）

1.1.2 改造内容及现状

根据三亚市现有 GPSG－422 型连栋薄膜拱棚的情况（图 2），结合三亚市建设常年蔬菜基地的要求以及夏季光照强烈等特点，三亚市的相关部门和企业提出对该类型的设施进行以下三项改造：①新加手动内遮阳；②新加电动外遮阳；③新加喷灌与滴灌。改造时可综合考虑种植要求和建设成本，进行组合选择，如①＋③、②＋③、①＋②＋③。同时在改造之前应对现有设施结构进行修复和加固，如对部分倾斜立柱采取扶直、增加柱间斜

撑，对锈蚀的节点除锈、喷涂防锈漆，对已经损坏的构件进行更换等。通过上述方法使得该类型的设施达到使用要求，也为下一步改造奠定基础。

(a)　　　　　　　　　　　　　　(b)

图 2　改造前的 GPSG - 422 型连栋薄膜拱棚

（a）外部　（b）内部

1.2　WSSG - 6430 型连栋薄膜温室改造

1.2.1　WSSG - 6430 型连栋薄膜温室参数

WSSG - 6430 型连栋薄膜温室跨度为 6 m，开间为 4 m，肩高 3 m，顶高 4.5 m；山墙每跨内设有 5 条抗风柱，间距 1 m；侧墙每开间内设有 3 条抗风柱，间距 1 m；屋顶拱杆间距为 1 m。温室顶部采用塑料薄膜进行覆盖，并在两侧设置手动卷膜，屋顶两侧的薄膜可卷至屋脊处；温室四周采用防虫网进行覆盖。其典型的结构形式如图 3 所示。

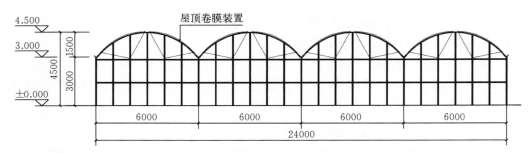

图 3　WSSG - 6430 型连栋薄膜温室示意图（单位：标高 m，其他 mm）

1.2.2　改造内容及现状

三亚市 WSSG - 6430 型连栋薄膜温室的现状如图 4 所示。虽然温室表面覆盖受到不同程度的损坏，但整体结构还保持得比较完好，其内部空间较宽大，设有滴灌设施。结合这样的特点，对该温室主要进行新加电动外遮阳和喷灌的改造。同时也要求在改造之前对现有的结构按前述方法进行修复和加固。

2　改造方案设计

2.1　GPSG - 422 型连栋薄膜拱棚改造方案

2.1.1　内遮阳改造方案

由于该类型拱棚具有肩高较低、骨架材料截面较小的特点，不适合在其结构上增加电动内遮阳机构。因此，本着不增加结构负重、经济适用的原则，方案采用手动内遮阳。为了保证驱动效果，其设计高度为 1.8 m，单区长度小于 8 m，采用人工直接移动活动边的方式开合遮阳网，不增加其他机构和骨架材料（图 5）。新加设备与原拱棚结合良好，不影响原设施的结构，实现了遮阳的目的，有利于夏秋蔬菜生产。

（a）　　　　　　　　　　　　　　（b）

图 4　改造前的 WSSG－6430 型连栋薄膜温室

（a）外部　（b）内部

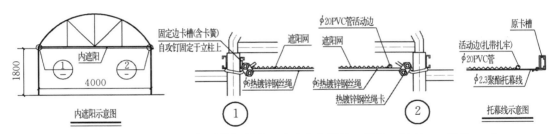

图 5　GPSG－422 型连栋薄膜拱棚内遮阳改造方案设计（单位：标高 m，其他 mm）

2.1.2　外遮阳改造方案

外遮阳由于高度较高，且在设施外部，面积较大，不适合采用手动驱动方式。因此，在对这种类型的设施进行外遮阳改造时，充分利用了其连拱之间肩部的空间，另外增设立柱，使外遮阳和原拱棚结构分开，同时又有机地结合起来，既实现了电动外遮阳的设计方案，又不会对原结构产生影响（图 6）。

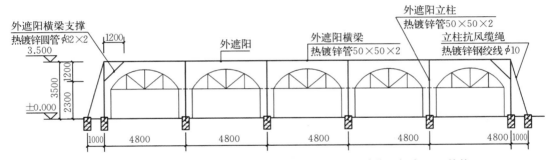

图 6　GPSG－422 型连栋薄膜拱棚外遮阳改造方案设计（单位：标高 m，其他 mm）

改造基本实现了预期方案。但在施工过程中也存在一定问题：原拱棚建设过程中跨度方向的误差较大，导致在进行外遮阳改造时，需要根据原建设尺寸进行调整，增加了施工难度。

2.1.3 喷、滴灌改造方案

喷灌和滴灌的改造对原设施没有影响，考虑到操作方便和生产特点，方案拟对灌溉进行分区设置，每5跨为一个单元，并且为了保证灌溉均匀度，其长度应小于30 m。喷、滴灌改造方案如图7所示。

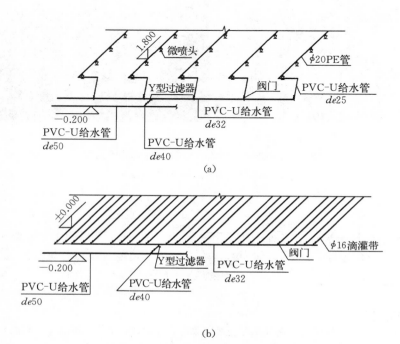

图 7 GPSG－422 型连栋薄膜拱棚喷、滴灌改造方案设计（单位：标高 m，其他 mm）

(a) 喷灌灌溉管网　(b) 滴灌灌溉管网

注：PE（聚乙烯）管采用聚酯托幕线悬挂。聚酯托幕线通过塑料扎带绑在内遮阳的热镀锌钢丝绳上，注意扎带接口在下部，不影响遮阳网滑动。滴灌带直接铺在种植地面上，布置间距可根据生产实际情况调整，设计按 0.8 m 间距考虑。

改造时应根据种植的灌溉需求选择滴灌或喷灌。喷灌使用时还可以起到蒸发降温的作用。

2.2 WSSG－6430 型连栋薄膜温室改造方案

WSSG－6430 型连栋薄膜温室肩高比较高，不适合进行手动内遮阳的改造，而其原结构尺寸和材料截面尺寸均适合在其上部直接增加电动外遮阳的骨架和机构。因此采取在其天沟上部新加电动外遮阳的改造方案（图8），喷灌方案可参照 GPSG－422 型连栋薄膜拱棚的喷灌改造方案。

改造后的外遮阳与原温室在外观上有机结合（图9），遮阳效果良好，室内外温差在 2～3 ℃，结合原有设施抵御大风暴雨、防虫的功能，能够满足常年蔬菜生产的要求。

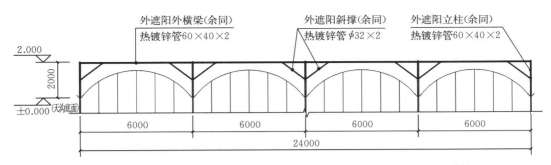

图8 WSSG－6430型连栋薄膜温室外遮阳改造方案设计（单位：标高 m，其他 mm）

（a）   （b）

图9 WSSG－6430型连栋薄膜温室改造后的外遮阳

（a）外部 （b）内部

3 讨论

常年蔬菜基地建设，关系到每个老百姓的"菜篮子"，各级政府均高度重视，出台了各种建设实施方案。挖掘潜力，用好原有设施，是常年蔬菜基地建设的一条捷径和重要方式。通过多年现代设施农业的发展，海南农业设施保有量日益增加。但由于存在经验不足和管理不到位等方面的问题，现有设施的生产能力没有达到其应有的水平，甚至在夏季，其温度环境远高于生产需求，导致部分设施处于闲置状态，形成土地资源和建设成本的较大浪费。对设施大棚进行改造有利于盘活这部分设施大棚，能够节约农业建设投资，整合生产土地资源，促进海南常年蔬菜基地建设。因此，在海南常年蔬菜基地建设过程中应充分重视对现有设施大棚的改造工作，以推进现代设施农业的健康发展，保障市民的"菜篮子"。

参考文献

[1] 史瑞丽. 建好11万亩常年"菜篮子"生产基地 不断提高应季蔬菜自给率 [N]. 海口晚报，2012-03-20（A1）.

[2] 孙慧. 三亚投入4492万元加快蔬菜基地建设 [N]. 海南日报，2012-06-12（A7）.

海南地区几种抗台风蔬菜种植大棚的
开发与应用

海南地处热带，四面环海，属于典型的热带季风海洋性气候。夏秋季节多台风、暴雨，且日照强烈、温度高，这些都是影响海南夏秋季节蔬菜种植的关键因素。由于暴雨冲刷，叶菜露地种植受到限制，使得夏秋季节成为海南地区叶菜种植的淡季。大棚设施具有良好的防雨功能，能够保护作物不受暴雨侵袭，但随之也带来新的问题——抗台风和棚内高温。因此，如要采用大棚设施解决海南夏秋淡季蔬菜种植问题，还应重点解决大棚设施的抗台风问题和通风降温问题，使得大棚在正常生产的同时，大棚主体结构能够在可预见的范围内抵抗台风的破坏作用；大棚的结构形式也应有利于自然通风，保证棚内温度与外界相比不至于过高。如有可能，还应增加遮阳、机械通风等各种适宜的降温措施。

针对这样的实际需求，海南大学设施农业工程团队做了大量的研究和实验工作，通过总结研究成果和大棚设施在海南地区使用过程中存在的实际问题，在现有的基础上，开发出了多种适宜在海南使用的大棚结构。这些大棚结构均已在海南落地使用，多数已经建成投产。它们均是以前述海南气候特点对大棚设施的基本要求为基础而做出的努力和尝试，适合不同的种植要求和使用环境，能够在一定程度上代表近几年海南本土大棚设施新的结构形式发展情况。

本文拟介绍 6 种海南地区使用的大棚设施，均为海南大学设施农业工程团队开发设计并推广应用，都申请了实用新型专利，部分已取得授权。虽然有 6 种不同的结构形式，但从外形可以归结为两大类：单拱类与连栋锯齿类。

1 单拱类大棚

单拱类大棚均为单拱型。一般而言，跨度越小、高度越低、室内增加立柱，其抗风性越好，造价越低，通风越好。但对应的问题是棚内空间较小，机械化操作不便，土地利用率也相对较低。因此，以下介绍的四种形式——小跨度隧道式拱棚、有柱式大跨度拱棚、中跨度半圆型拱棚、柱脚加强式大跨度拱棚（注：这里的大、中、小跨度均为相对而言），均是为了适应不同使用要求和造价水平。其中，小跨度隧道式拱棚、有柱式大跨度拱棚的造价水平相当（每亩造价约为 6.0 万元），但空间较小；中跨度半圆型拱棚空间较大，但跨度略小，造价居中（每亩造价约为 8.5 万元）；柱脚加强式大跨度拱棚在空间和跨度上均能满足机械化操作要求，但在四种类型中造价为最高（每亩造价约为 11.5 万元）。

1.1 小跨度隧道式拱棚

1.1.1 结构形式

小跨度隧道式拱棚（图 1）顶高 1.7 m，跨度为 3.3 m，拱间距为 0.8 m，长度以 30～40 m 为宜。拱棚采用热镀锌钢管作为其骨架的主要构件；在两个端面分别设置 2 根水泥立柱，同时在长度方向上每间距 4 m，在两侧柱脚位置各设置 1 根水泥桩，用以增加主体结构在台风中的稳定性；端部两侧沿着拱屋面设置纵向支撑杆；肩部以下覆盖防虫网，形成通风口；肩部以上覆盖薄膜，并在薄膜外层覆盖遮阳率为50%的遮阳网，遮阳网外部设置压膜线。

图1 小跨度隧道式拱棚的应用实例

1.1.2 功能与特点

（1）跨度小，建造用地灵活，后期维护方便。

（2）针对轻钢结构重量轻，不利于抵抗台风的特点，适当位置布置了水泥桩，显著提高了拱棚的稳定性及抗侧倾、抗拔起的能力。

（3）四周通风口的自然通风与顶部遮阳网的遮阳措施，能较好地降低种植层高度的温度。

（4）顶部薄膜能够阻挡暴雨对蔬菜的袭击，肩部防虫网能缓冲暴雨的冲击力，可较大程度地降低雨水对蔬菜幼苗的冲刷。

（5）为了提高抗风性，同时又考虑到经济性的要求，拱棚的高度较低，仅能保证人进入操作，不利于机械化作业，适合农户小面积种植使用。

1.1.3 主要材料规格

（1）基础：基础为直径200 mm的圆柱形基础，采用C20混凝土现浇，埋深0.5 m。

（2）水泥桩：采用C20混凝土预制。截面为0.1 m×0.1 m，内配4条直径6 mm的钢筋（HRB400）。

（3）主体钢骨架：拱杆采用ϕ40 mm×2 mm的热镀锌圆管；脊部设置一条纵向系杆，采用ϕ40 mm×2 mm的热镀锌圆管；端部屋面设置纵向支撑杆，采用ϕ32 mm×1.5 mm的热镀锌圆管。

（4）覆盖材料：顶部覆盖为0.1 mm薄膜，薄膜外层覆盖遮阳率为50%的遮阳网；两侧通风口及两端山墙面覆盖40目防虫网。

1.2 有柱式大跨度拱棚

1.2.1 结构形式

在两端山墙面分别设置2根水泥立柱，同时在长度方向上每间距4.2 m，在两侧柱脚位置设置1根水泥桩、中部设置1根水泥立柱，用以增加主体结构在台风中的稳定性；端部两侧沿着拱屋面设置纵向支撑杆；肩部以下覆盖防虫网，形成通风口；肩部以上覆盖薄膜，并在薄膜外层覆盖遮阳率为50%的遮阳网，遮阳网外部设置压膜线。拱棚的结构形式和种植实况分别如图2、图3所示。

1.2.2 功能与特点

有柱式大跨度拱棚的功能和特点与小跨度隧道式拱棚类似，与之不同的是跨度和高度均有增加，内部操作空间进一步提高，相比起来更加有利于生产和操作。

1.2.3 主要材料规格

材料规格与小跨度隧道式拱棚相同，区别是拱间距为0.6 m，与小跨度隧道式拱棚0.8 m的拱间距相比要小；有柱式大跨度拱棚在长度方向上的加强单元为4.2 m（0.6 m×7），小跨度隧道式拱棚的加强单元为4.0 m（0.8 m×5）。

图 2　有柱式大跨度拱棚内部骨架结构　　　　图 3　有柱式大跨度拱棚内部叶菜种植实况

1.3　中跨度半圆型拱棚

1.3.1　结构形式

拱棚顶高 2.5 m，跨度为 5.0 m，拱间距为 0.7 m，拱为半圆弧形。拱棚采用热镀锌钢管作为其结构的主要构件；在两端山墙面分别设置 2 根热镀锌钢管立柱；端部两侧沿着拱屋面设置纵向支撑杆；肩部以下覆盖防虫网，形成通风口；肩部以上覆盖薄膜，并在薄膜外层覆盖遮阳率为 50% 的遮阳网，遮阳网外部设置压膜线。拱棚的结构形式和种植实况分别如图 4、图 5 所示。

图 4　中跨度半圆型拱棚内部骨架及操作情况　　图 5　中跨度半圆型拱棚内部叶菜种植实况

1.3.2　功能与特点

（1）拱棚四周采用条形基础（圈梁），显著提高拱棚的稳定性和抗拔起能力。

（2）条形基础（圈梁）仅在下部 150 mm 高范围内采用混凝土浇筑，上部的 350 mm 采用原土回填，不影响耕作，对种植土的影响较小。

（3）拱棚四周的自然通风与顶部遮阳网的共同作用，能较大幅度地降低棚内温度。

（4）顶部薄膜能够阻挡暴雨对蔬菜的袭击，实现周年生产。

（5）室内空间开敞，适合小型园艺机械操作。

1.3.3　主要材料规格

（1）基础：基础为条形基础；条形基础宽 0.3 m，深 0.5 m，下部 0.15 m 范围内采用

C20 混凝土现浇，配直径 6 mm 的钢筋（HRB400）两条，上部采用原土回填夯实。

（2）主体钢骨架：拱杆采用 ϕ50 mm×2.2 mm 的热镀锌圆管；沿着拱棚脊部、两侧肩部各设置 1 条纵向系杆，共计 3 条，采用 ϕ32 mm×1.5 mm 的热镀锌圆管；端部屋面设置纵向支撑杆，采用 ϕ32 mm×1.5 mm 的热镀锌圆管。

（3）覆盖材料：顶部覆盖为 0.1 mm 薄膜，薄膜外层覆盖遮阳率为 50% 的遮阳网，并采用压膜线压紧；两端山墙面及两侧通风口覆盖 40 目防虫网。

前述三种结构形式的拱棚目前在海口及文昌等地的推广面积有 100 亩左右。

1.4　柱脚加强式大跨度拱棚

1.4.1　结构形式

柱脚加强式大跨度拱棚顶高 3.3 m，跨度为 8.0 m，拱间距为 2.0 m，采用热镀锌钢管作为其结构的主要构件；采用独特设计，拱杆的上部为单管形式，无其他构件，在两侧柱脚处采用桁架形式加强处理，能够保证整个拱架的抗风性能；拱棚四周为覆盖防虫网的通风窗，顶部覆盖薄膜，同时在屋顶设置无动力不锈钢通风帽，与通风窗形成对流，缓解跨度大带来的室内热空气流通差的情况；拱顶外侧设置可卷起的外遮阳，方便冬季遮阳网的收起。结构形式如图 6、图 7、图 8 所示。

图 6　柱脚加强式大跨度拱棚外景图　　　　图 7　柱脚加强式大跨度拱棚内景图

图 8　柱脚加强式大跨度拱棚效果图

1.4.2　功能与特点

（1）大棚屋脊处设置了通风口，增强了棚内空气对流，能够有效排除棚内的热空气。

（2）棚顶薄膜和遮阳网的设置能够防暴雨和防强日照（降温），保证棚内作物正常生产。

（3）棚内构件经过优化布置，在满足操作空间的同时，能够保证抗台风的要求。

（4）拱棚的脊高达到 3.3 m，且棚顶无繁杂构件，棚内空间较前述三种拱棚均要大很多，能够满足机械化操作的需求。

鉴于以上特点，该类型的拱棚比较适合农民专业合作社、公司基地进行规模化种植，在同等抗风等级和使用空间的条件下，造价较低。

1.4.3 主要材料规格

（1）基础：基础为阶梯形独立基础；基础的截面尺寸为 0.8 m×0.8 m，高 0.3 m，埋深 0.8 m，上部采用原土回填夯实。

（2）主体钢骨架：拱杆采用 60 mm×40 mm×2.0 mm 的热镀锌矩形管；柱脚加强桁架部分采用 50 mm×50 mm×2.0 mm 的热镀锌矩形管；腹杆采用 ϕ25 mm×1.5 mm 的热镀锌圆管；沿着拱棚脊部、两侧肩部各设置 3 条纵向系杆，共计 6 条，采用 40 mm×40 mm×1.5 mm 的热镀锌矩形管；山墙立柱和横梁均采用 50 mm×50 mm×2.0 mm 的热镀锌矩形管。

（3）覆盖材料：顶部薄膜为 0.12 mm 薄膜，薄膜外层设置可卷起、遮阳率为 50% 的遮阳网，并采用压膜线压紧；两端山墙面及两侧通风口覆盖 32 目防虫网；屋脊每间距 4 m 设置直径为 500 mm 的不锈钢无动力通风帽 1 个。

2 连栋锯齿类大棚

2.1 大锯齿型连栋大棚

2.1.1 结构形式介绍

大锯齿型连栋大棚的肩高 3 m，脊高 4.6 m，跨度为 6.0 m，开间为 4 m，采用热镀锌钢管作为其结构的主要构件；每跨设置 1 个锯齿形屋顶。大棚四周墙面与屋顶侧锯齿口处均覆盖防虫网，顶部覆盖薄膜；四周墙面与屋顶侧锯齿口通风窗形成对流，有效排出棚内的热空气；大棚内部设置内遮阳；通风口在遮阳网以上，棚顶的热空气也可以有效排出；通风口仅覆盖防虫网，由于在竖直面，即使不设置卷膜，暴雨也不会进入棚内对作物生长产生影响。结构形式如图 9、图 10 所示，种植实况如图 11、图 12 所示。该类型大棚目前在海口等地区的推广面积约 26.7 hm^2。

图 9 大锯齿型连栋大棚效果图

图 10 大锯齿型连栋大棚外景图

图 11 大锯齿型连栋大棚种植
实况图（1）

2.1.2 功能与特点

（1）采用锯齿形屋顶，通风效果好，在不设置卷膜开窗的情况下实现了屋顶的通风和防雨功能，减少了使用期间的维修和运行成本。

（2）屋面通风系统设计合理，即使在设置内遮阳的条件下，依然不会阻断通风，屋顶通风口与温室立面依然可形成对流通风渠道。且内遮阳相比外遮阳不易损坏（即便发生损坏也便于维修），

图 12 大锯齿型连栋大棚种植实况图（2）

内遮阳的设置还可避免屋顶薄膜滋生青苔而影响透光性。

（3）结构设计中，充分总结了大量在台风中破坏和骨架保持良好的温室大棚的特点，将大棚屋架焊接为整体，类似于整体桁架结构，再与立柱高强螺栓有效连接；柱脚采用刚接，有效减少立柱在平面内的计算长度，增加了结构在水平荷载作用下的稳定性。

（4）棚内空间情况良好，适合机械化操作。

该棚型充分考虑了海南的气候特点，同时也吸收了大量的经验和教训，综合了各种在生产和使用过程中提出的条件和产生的问题，是在原有棚型基础上优化开发出来的。该棚型能够满足海南地区常年蔬菜生产的使用条件，实现周年生产；该棚型造价（亩均造价约为 16.5 万元）比同样荷载条件下外遮阳的圆拱型塑料大棚还要低，是一种可以优先选择的棚型。

2.1.3 主要材料规格

（1）基础：基础为阶梯形独立基础；基础的截面尺寸为 1.0 m×1.0 m，高 0.4 m，埋深 0.8 m，上部采用原土回填夯实。

（2）主体钢骨架：立柱采用 120 mm×60 mm×3.0 mm 的热镀锌矩形管；拱杆采用 40 mm×40 mm×2.0 mm 的热镀锌矩形管；拱架横梁采用 50 mm×50 mm×2.0 mm 的热镀锌矩形管；腹杆采用 30 mm×30 mm×1.5 mm 的热镀锌矩形管；沿着拱棚脊部、两侧肩部共设置 4 条纵向系杆，采用 40 mm×40 mm×1.5 mm 的热镀锌矩形管；天沟采用 2.0 mm 厚的热镀锌钢板压制。

（3）覆盖材料：顶部覆盖为 0.15 mm 薄膜，棚内横梁处设置遮阳率为 60% 的电动齿轮齿条遮阳系统；四周墙面及屋顶侧通风口覆盖 40 目防虫网。

2.2 锯齿型光伏温室大棚

2.2.1 结构形式介绍

锯齿型光伏温室大棚的肩高 2.5～3.0 m，脊高 4.1～4.6 m，跨度为 5.5 m，开间为 4.0 m，屋面角为 15°～16°；采用热镀锌钢管作为其结构的主要构件；每跨设置 1 个单坡锯齿形屋顶；大棚四周墙面与屋顶侧锯齿口处均覆盖防虫网，顶部为光伏板＋玻璃（或薄膜）覆盖；四周墙面与屋顶侧锯齿口通风窗形成对流，有效排出棚内的热空气；通风口仅覆盖防虫网，由于在竖直面，即使不设置卷膜，暴雨也不会进入棚内对作物生长产生影响。结构形式与种植实况如图 13 所示。

图 13　锯齿型光伏温室大棚结构与种植实况图

2.2.2 功能与特点

（1）采用了锯齿形屋顶结构形式，其有利于通风降温的特点如前"大锯齿型连栋大棚"所述。

（2）充分利用了海南地区光照资源丰富，特别是冬季光照好、无严寒的特点，屋顶的光伏发电组件不与棚内作物争抢光、热资源，反而是相得益彰，各自发挥作用；光伏板还形成了遮阳系统，可以有效降低夏秋季节棚内的温度。

（3）在相同土地面积的条件下，与普通地面光伏电站相比，其只需降低 25% 左右的光伏组件布置面积，就能保证在海南地区棚内"6 h（10:00—16:00）平均光照度"在春、夏、秋季达到 18000 lx，冬季达到 7000 lx 以上，能够满足海南地区常见叶菜品种的正常生长（海南地区蔬菜消费以叶菜为主）。

（4）相比传统光伏地面电站，光伏大棚可利用大棚骨架作为光伏支架，节约了支架的投资。且大棚骨架与支架抗风等级相当，在加大骨架材料规格（不增加投资）的情况下，可达到抗 12 级台风的效果。该光伏温室大棚亩均造价约为 16.5 万元（不含光伏板覆盖部分）。

因此，在海南及周边地区发展该类型的光伏温室大棚，能够真正实现光伏发电和种植结合的初衷——"一地两用"。

2.2.3　主要材料规格

（1）基础：基础为阶梯形独立基础；基础的截面尺寸为 $1.0\,m\times1.0\,m$，高 $0.4\,m$，埋深 $0.8\,m$，上部用原土回填夯实。

（2）主体钢骨架：立柱采用 $120\,mm\times60\,mm\times3.0\,mm$ 的热镀锌矩形管；拱杆采用 $50\,mm\times50\,mm\times2.0\,mm$ 的热镀锌矩形管；拱架横梁采用 $50\,mm\times50\,mm\times2.0\,mm$ 的热镀锌矩形管；腹杆采用 $40\,mm\times3.0\,mm$ 的热镀锌角钢；屋面设置 7 根檩条，采用 $60\,mm\times40\,mm\times2.0\,mm$ 的热镀锌冷弯内卷边槽钢；天沟采用 $2.0\,mm$ 厚的热镀锌钢板压制。

（3）覆盖材料：顶部覆盖为光伏组件，组件之间及无直射光区域采用 $5\,mm$ 钢化玻璃或 $0.2\,mm$ 薄膜覆盖；薄膜覆盖时需张紧并在下部设置聚酯托幕线，用以防止暴雨时产生"水兜"；四周墙面及屋顶侧通风口覆盖 40 目防虫网。

上文共介绍了六种大棚设施的结构形式、功能特点、材料规格以及应用实例等。这些大棚设计的风荷载参数均为 $0.75\,kN/m^2$［约为 12 级风的风力等级。该取值在考虑荷载组合分项系数后与《农业温室结构荷载规范》（GB/T 51183—2016）中给出的海南地区 20 年一遇风荷载取值的最大值基本相等］，计算荷载设计值时，风荷载分项系数取 1.4，根据设计和使用经验，采用该取值设计的温室大棚在 2014 年第 9 号超强台风"威马逊"登陆后，能够保持主体钢结构不受到破坏。

第二部分 ■■■■

热 区 光 伏 温 室

2021年国务院发布《关于加快建立健全绿色低碳循环发展经济体系的指导意见》，将节能环保、清洁生产、清洁能源等列为率先突破的重点，明确指出大力推动光伏发电发展，实现碳达峰、碳中和的中长期目标。然而随着环境保护力度的加大和土地资源的收紧，单纯的光伏电站发展在较多地区已受限，土地资源稀缺是行业发展最大的难题。国土资规〔2017〕8号文件明确指出，利用农用地复合建设的光伏发电项目，在保障农用地可持续利用的前提下，可以不改变原土地利用性质，但需避免对农业生产造成影响：这为光伏温室的发展提供了平台和机遇。

热区光照资源充足，且冬季温度高，光伏发电与作物生长争夺光热资源的矛盾不突出，而光伏组件还可为温室遮阳降温，降低调控高温的成本，更有利于作物生长，使得在热区发展光伏温室的难度更低，更易取得成效。海南省已率先启动光伏蔬菜温室建设项目联审联批制度，海南省平价菜保供惠民行动专班提出海南省"十四五"期间规划完成400万kW光伏装机容量与4万亩农光互补常年蔬菜基地的建设目标。

作者自2013年开始海南地区光伏温室的研究，相继取得2项专利。不同类型的光伏蔬菜大棚推广面积共4000余亩（统计截至2022年）。已开展2个年度的种植试验，试种20余个品种，包括常见叶菜类，黄瓜、苦瓜等瓜果类等，均取得良好效果。本部分内容从政策建议、光伏温室内部光热环境参数分析、光伏组件透光性能分析等方面对海南地区的光伏温室大棚进行了系统的分析和研究，将作者从0到1开展热区光伏温室研发的思考过程呈现出来，既是科研成果的沉淀，也是实践经验的积累和知识的迭代。

利用光伏温室在海南建设永久性
常年蔬菜基地的建议

0 引言

为促进海南高效特色农业发展，海南省委、省政府出台了 2020 年 1 号文件《关于抓好"三农"领域重点工作确保如期实现全面小康的实施意见》。其中关于做强做优热带特色高效农业，推动 15 万亩常年蔬菜基地上图入库，提高夏秋季本地蔬菜自给率的指导意见，对海南设施农业发展具有重要意义。海南岛年平均日照时数为 2178 h，中部山区云雾多，仅有 1750 h，其余大部分地区在 2000 h 以上，西部多于东部，西、南部高达 2400 h。丰富的光热资源有利于光伏发电与设施农业温室结合，光伏温室的建设运营也可为永久性常年蔬菜（注：本文的蔬菜特指在海南本地食用较多的叶菜，后同）基地提供创新发展模式。

1 永久性常年蔬菜基地建设的必要性

1.1 淡季蔬菜生产的社会需求

海南蔬菜自给能力弱，淡季自给率约为 40%，旺季自给率也只有 60%～70%，标准化蔬菜基地数量少、面积小，行业发展存在一定问题。设施应用水平与国内外相比，差距较大，目前仍处于"跟跑"状态[1-2]。

（1）淡季蔬菜生产自然条件恶劣：海南 5—11 月日照强、高温高湿，病虫害、台风、强降雨天气时有发生，露天种植叶菜，亩产普遍在 650 kg 左右，比旺季产量少 40% 以上，部分叶菜供不应求。淡季有一半以上的蔬菜依靠外地供给，自给率偏低，加之市场需求不稳定，导致海南蔬菜供给结构存在严重的季节性缺口。产量的降低，风险的提高，造成本地蔬菜供应价格上涨。研究表明，2006 年第 1 季度至 2014 年第 3 季度，叶菜价格发生了 6 次周期性波动，其中有 3 次波动较大，平均周期长度为 4.71 个季度[3]。

（2）常年蔬菜标准化基地建设滞后：目前海南岛内的大部分蔬菜基地仍以露天种植为主，温室大棚种植比例小。且现有温室大棚大多设计抗风等级低，使用年限短，给排水设施、降温设施、机械装备简陋，再加之日常生产不重视设施保养，致使温室大棚抗风险能力差，一旦遇到灾害天气，经济损失严重[4-6]。

（3）蔬菜市场交易体系不健全：海南菜价居高不下的核心原因和主要症结是蔬菜供应长期处于"紧平衡"状态，流通环节层级多、成本高、存在垄断行为[7]。政府公益性蔬菜批发市场短时间内暂未吸引足够体量的批发商户入驻，其市场占有率低，批发环节缺乏应有的市场竞争，不时存在加价过多的现象[8]。虽然政府出台相关调控措施后，加价行为已得到明显遏制，但改善供求关系才可从根本上解决问题。

综上所述，蔬菜作为生活必需品，价格高、波动大，是为民生问题。加快、加大力度建设高水准、现代化的永久性常年蔬菜基地，保障蔬菜供应，具有重要的社会意义。

1.2 现有常年蔬菜基地面临的问题

从已有的常年蔬菜基地建设及市场反馈情况来看，主要存在以下问题。

（1）常年蔬菜基地相关政策和法规体系不健全：海南财政整合资金投入"菜篮子"建设，2019年注资逾1.47亿元。在资金的分配方面，资金大多流入了基础设施建设，而保障农产品流通、质量溯源监测、保险补贴、农贸市场提质升级等环节，却由于缺乏政策引导，得不到相应的扶持。尽管省政府已着手保障市民"菜篮子"工程，但当前各级政府涉农扶持资金大多投向冬季瓜菜生产，对"菜篮子"常年蔬菜基地建设投入力度仍不足，表现在对常年蔬菜基地、冷库、平价店和公益市场建设的补贴标准低[9]等方面。

（2）关键技术发展滞后：夏秋季节多台风、暴雨，并伴有持续性高温，要保障永久性常年蔬菜基地的生产功能，温室大棚钢结构应具有较强的抗台风能力，给排水通畅，遮阳及通风降温效果优良，病虫害防控得当。上述要求与传统冬季瓜菜设施建设有着本质的不同，然而这些功能性要求，现有基地的温室大棚却很难全部达标，现有基地的温室大棚均存在不同程度的结构不合理以及施工技术与质量落后的问题。

（3）工程项目管理有待加强：为促进现代农业发展，自然资源部、农业农村部于2019年联合印发《关于设施农业用地管理有关问题的通知》，明确设施农业可以使用一般耕地，不需要落实占补平衡。新政的出台为海南建设常年蔬菜基地提供了土地政策上的保障。但在宽松利好的政策环境下更应严抓工程项目管理，警惕打着设施农业的旗号，违法侵占耕地，建设不符合农业生产要求的设施，甚至私建会所等行为[10]。

（4）农机与农艺融合水平低：现代化设施农业是一项高投入、高技术含量、高产出的产业。以往设施的建设未将新技术和新装备纳入，内部作业还是以人工为主，装备技术水平低下制约了设施蔬菜种植的发展。环顾国内外规模化的常年蔬菜基地，设施机械化和智能化是必走之路，也是最节约成本的科学之路。当前设施机械化生产装备主要包括滴灌设备、降温系统、遮阳系统、通风系统及其他机械设备（穴盘播种设备、采摘运输设备、果蔬清洗分拣设备、包装机械），这些使设施农业的生产作业更加便捷、高效。新技术与新装备需要与设施蔬菜种植农艺要求相结合，避免设施作业环境下出现路难走、门难进、边难耕、头难掉等问题[11-13]。

1.3 永久性常年蔬菜基地建设经验总结

内陆建设永久性蔬菜基地较好的几个地区的建设模式[14-16]，其共性优势如下。

（1）科学选址：保证蔬菜生长时的温、光、水、气、肥等要素都达到优良水平，土壤环境中农药、化肥和重金属含量不超标，水源充足，交通便利，自然资源和区位优势并存。

（2）基地规模化：规模化有利于种植高效发展，例如南京市、苏州市的常年蔬菜面积大致稳定在2万hm^2的水平，江苏省常熟市的常年蔬菜面积达7万hm^2。规模化可提高机械使用率，促进新产品新技术的更新迭代，有利于提升设施农业的调节精度，使设施环境调控最大限度、最低成本地满足作物生长需求，形成规模效益。

（3）科学规划：分部、分项、逐步推进基地建设，依靠当地自然资源，结合种植习惯和市场需求，综合考虑，科学布局，针对不同市场，集中优势发展。一方面，就老、旧、废、危的蔬菜生产设施进行资源重组，整合零星菜地，使蔬菜基地向规模化和专业化方向发展；另一方面，加快品种选育与引进推广，调整品种结构，以满足蔬菜内销、外销市场的需求。

（4）积极的政策引导和支持：蔬菜产业是受自然灾害影响较大、市场利润微薄的弱势产业，现阶段蔬菜产业的发展，必须依靠政府的引导与扶持。制定长期的"菜篮子"工程发展规划，建立健全各项政策与保障制度，严格规范市场经营活动，稳定投资力度，才可保证蔬菜产业稳中向好发展。

（5）重视科技的应用：科学技术是现代农业发展的重要支撑力量，应整合高校、科研院所的技术力量，从品种选育，农业设施的新结构、新材料、新装备的升级与应用等方面，多专业、全方位促进蔬菜产业提质增效。

2　光伏温室作为永久性常年蔬菜基地生产设施的可行性

2.1　光热资源充足

海南岛属热带季风海洋性气候，素来有"天然大温室"的美称。这里长夏无冬，空气清新，光照资源充足，具有发展光伏农业的基础条件。但夏季的强日照、高温、暴雨等不利于蔬菜的生长，发展光伏温室产业既可有效降温，又可利用夏季丰富的光热资源。

2.2　市场需求高

光伏温室将温室与光伏组件有机结合，根据植物光饱和点的不同，采用不同透光性的光伏组件或采用错位铺设，或采用其他结合类型，可满足不同植物光合作用对光照的需求，实现"棚上发电，棚下种植"[17-19]。光伏温室是近年来在中国绿色能源发展要求不断增大、光伏产能过剩、国家能源补贴政策的实施、金融资本大量介入等多种因素的影响下发展起来的一种新型产业模式[20-21]。

海南夏季高温、强日照等不利气候因素更多危害的是叶菜。相较于瓜果类蔬菜，叶菜抵抗高温、强日照的能力较弱。夏季种不出叶菜，冬季又以茎菜和果菜供应为主，叶菜周年自给率不足，并容易受暴雨水淹、高温、台风、人工费用过高等因素影响[22-25]。守着菜篮子却吃高价菜的尴尬现状导致海南人民对平价叶菜的需求增高，建设常年蔬菜温室大棚保障叶菜生产，是民生需要。

2.3　技术条件成熟

光伏农业是将太阳能发电应用于设施种植、设施养殖等领域的新型技术。光伏农业作为成功的跨界案例，实现了高端农业和新能源的结合，如海南屯昌 20MW 现代农业太阳能电站项目、海南东方国营广坝农场农地种电光伏项目、海南昌江十月田镇光伏农业项目、盛荣公司海南三亚光伏温室项目、海口国家大学科技园桂林洋光伏温室项目等。这些项目多数虽然仅是光伏和农业结合的尝试，还不具备真正意义上光伏温室的特点，但也为海南发展光伏温室提供了很多宝贵的经验。除此之外，由海南大学技术研发、海南华宇康新能源科技有限公司投资建设的光伏温室项目已经初步取得了成功。该项目位于海南洋浦经济开发区，建设规模为 15 MW，占地面积近 300 亩，如图 1 所示。

项目在光照最弱的冬季（当年 12 月至翌年 1 月）进行了栽培实验，所播种的上海青（生长周期为 6 周）的产量为 1.687 kg/m²，约合每亩 1125 kg，按棚内 90% 的土地利用面积计算，上海青亩产量为 1012.5 kg；在 10 月份播种的小白菜（生长周期为 5 周）的产量为 2.272 kg/m²，约合每亩 1515 kg，按棚内 90% 的土地利用面积计算，小白菜亩产量为 1363.5 kg。两种叶菜的亩均产量为 1188 kg。

根据相关文献和实际调查，海南露地小白菜的亩产量可达到 750～1000 kg，生长周期在 25～45 d，年产 8～10 茬，年亩产量为 7.5～10 t（均按 10 茬口计算）。实验光伏温室每茬亩均产量为 1188 kg，年亩产量可达 11.9 t，可见用光伏温室进行保护地栽培后，产量有显著提高，且考虑到大规模种植的不稳定性，折算 0.85 的系数后，棚内产量也不低于露地栽培的产量。实际上露地栽培年产茬数由于暴雨台风的影响远远达不到理想的 10 茬，普通的抗风温室大棚则可达到相应的产量。由此可见，该类型的光伏温室对于叶菜种植而言，与露地种植相比，产量会有大幅度提高；与普通温室大棚相比，产量相当；适合作为海南等热区常年蔬菜基地建设的设施类型。

图 1　洋浦经济开发区光伏温室蔬菜生产基地

各地在光伏温室发展过程中，着重解决发电与作物生长争夺光热资源的问题。在光热资源稀缺的地区这一矛盾很难调和，但在光热资源丰富的海南，过剩的光热资源不仅灼伤了植物叶片，还造成了棚内持续高温，所以在海南大部分天气状况下不存在发电与作物生长争夺光热资源的问题，反而是光伏温室利用剩余光热资源发电，不仅可以提高资源利用率，还可为棚内降温，低成本营造温室内适宜的生长环境。

3　光伏温室作为永久性常年蔬菜基地生产设施的优点

光伏温室采用热镀锌轻钢骨架，其承重结构和屋面覆盖形式均为专项研发，既不同于传统大棚，又不同于常见光伏支架。新研发的光伏温室结构可在正常发电的同时，保障温室内的作物采光、通风降温、遮阳等需求，还可抵抗台风对生产的影响。

3.1　一地两用，提高土地产出效益

光伏温室发电组件利用的是农业温室屋顶，不会改变土地使用性质，可节约土地资源，提高土地单位面积的产出效益。屋顶发电并网销售的同时，还可以满足农业生产（温

控、灌溉、照明等）的电力需求。

3.2　产业互补共赢

与传统农业相比，新能源与农业的结合，更加重视科技要素的投入，更加注重经营管理，更加注重劳动者素质的提高。作为一种新型的农业生产经营模式，既满足了当下可持续发展战略的要求，又能保护生态资源、促进社会经济发展，在带动区域农业科学技术推广和应用的同时，实现农业科技化、产业化进步。光伏温室产业有望成为区域农业增效和农民增收的支柱型产业。

3.3　集成示范，助力产业发展

光伏温室作为工农结合的典范，在全国得到了广泛的关注和踊跃的尝试。各地已建成示范区暴露出来的问题主要是自然条件和社会条件的不适应。但不同于光伏发电与作物竞争光照资源的内陆，海南利用剩余光照资源发电，绝大多数天气状况下光伏发电与作物采光不存在竞争关系，光伏组件的遮阴效果反而可为温室降温，保护作物免受强光照射。在海南，将建设永久性常年蔬菜光伏温室基地作为示范工程，可在一定程度上推动行业发展。

4　发展规划建议

4.1　发展规模

应因地制宜，根据不同县市的经济发展与社会情况适度规模化发展光伏温室。以海口、三亚等经济发展较好的地区为中心，在周边适宜地区各建设面积约 10000 亩的光伏温室，可各实现装机容量 500 MW；儋州发展 5000 亩左右的光伏温室，装机容量约 250 MW；其他市县根据情况分别发展约 1000 亩光伏温室，各自的装机容量约 50 MW；最终使海南形成种植面积约 4 万亩左右，总装机容量约 2000 MW 的光伏温室永久性常年蔬菜基地。由于可实现周年生产，不受台风暴雨影响，年可产叶菜约 47.6 万 t，按每人每天平均消费 0.5 kg 叶菜计算，可满足约 260 万海南岛常住居民的周年叶菜供应。

4.2　基地选址

在自然条件适合区域选择集中连片、地势相对平坦的地块。在土地面积满足当前需要的前提下，为长远考虑，基地选址周边应有丰富的后备土地。基地选址要素分项阐述如下。

（1）气候条件：基地选址时要充分考虑气候条件对作物的影响。在气候条件适宜的前提下，地形、土质、肥力等条件也要满足植物正常生长的需求。

（2）区位交通：良好的区位交通是保证基地良性运转的重要条件。基地应选择在区位优势明显、交通便捷、距离主要道路较近、示范辐射效果较好的区域，并且田间道路规划合理，水泥硬化，运输自如，节约生产成本。

（3）水利设施：选址地有沟、渠、池配套，且能排能灌的非基本农田（坡地、一般农田或未利用荒地）。完善的水利管网是常年蔬菜基地的生命线，由于海南夏季高温，及时、充足的灌溉对蔬菜的生长至关重要，因此建设地块在干旱季节要能够提供充足的无污染水源，洪涝季节能及时排涝，确保生产安全。

（4）环境资源：应尽可能地选择环境干净、远离污染、生态条件良好的区域。

4.3 建设内容

一处功能设施完备的常年蔬菜基地，不但要有高标准的光伏温室，而且应建设配套的发电设施、基本运输道路、排水设施、全自动节水灌溉装备、物联网系统、配套加工场地、办公用房、工人宿舍、水电用房以及仓储等附属设施。基地选址应符合当地土地利用总体规划和产业发展规划，避免在基地建成后出现土地被占用、周边环境被破坏等情况。且尽可能选在土地征用和流转手续操作难度小的区域。

5 结语

光伏产业是战略型新兴产业，随着国家对可再生清洁能源的高度重视，光伏产业已进入高速发展阶段。从用地角度看，光伏农业可以划分为三类。一是以农业生产为主，光伏发电设施辅助农业生产，尤其是规模化种植、畜禽养殖、水产养殖等设施农业生产。此类光伏发电设施与现有其他农业设施功能一致，没有改变农业用地性质，适用于现有设施农用地政策。二是以光伏发电为主，附带农产品生产。此类方式的发展主要受制于土地资源。三是农业和光伏并重的光伏温室模式，即在保证农业种植的前提下，达到光伏发电效益最大化。既不改变农业用地的性质，又可以通过光伏发电效益反哺农业，为农业生产的基础设施建设提供项目资金，降低农业种植的固定资产投入。早期光伏没有和农业生产有机融合，仅停留在概念性展示层面，多地已建成的光伏温室无法种植或仅能种植很少的农作物，故现如今社会上对光伏温室的追捧已大大降温，政府也相应减少了大规模建设光伏温室的经济补贴和土地配套。光伏温室的大规模建设投资大，仅靠财政资金难以推广，应吸纳社会资本，以奖代补，只有将光伏温室真正发挥出其社会、经济效益，才能争取到更多的土地优惠与政策倾斜。

综上所述，海南发展热区光伏温室的技术条件（用于叶菜种植）已成熟，已研发出适应当地气候条件的光伏棚型供推广，经济、社会和生态效益显著，项目特色明显，具有可行性与可操作性。

参考文献

[1] 齐飞，魏晓明，张跃峰. 中国设施园艺装备技术发展现状与未来研究方向 [J]. 农业工程学报，2017，33（24）：1-9.

[2] 齐飞，李恺，李邵，等. 世界设施园艺智能化装备发展对中国的启示研究 [J]. 农业工程学报，2019，35（2）：183-195.

[3] 侯媛媛. 基于HP滤波模型的海南瓜菜价格波动分析 [J]. 广东农业科学，2015，42（19）：173-180.

[4] 穆大伟，田丽波，李绍鹏，等. 海南园艺设施的类型 [J]. 广东农业科学，2012，39（9）：154-157.

[5] 田丽波，商桑，张燕，等. 海南省设施园艺发展现状及可持续发展的策略 [J]. 热带农业科学，2014，34（4）：91-95.

[6] 党选民，刘昭华，杨衍，等. 海南设施园艺发展现状及适于海南发展的设施园艺类型 [C]//中国热带作物学会. 中国热带作物学会2007年学术年会论文集. 西双版纳：[出版者不详]，2007.

[7] 李仁君，张先琪，云丽虹，等. 由"紧平衡"转变为"宽松平衡"：关于海南蔬菜市场价格稳控调研报告 [J]. 今日海南，2019（6）：44-47.

[8] 吴波. 海南蔬菜价格高企之谜和政策建议 [N]. 中国改革报，2019-06-05（11）.

[9] 肖玉徽，王卉. 海南"菜篮子"工程产供销链存在的问题及对策研究 [J]. 物流科技，2017，40

　　（10）：143－145.

［10］高文，王田．加大设施农业用地支持力度促进现代农业建设［N］．农民日报，2020－02－25（5）．

［11］辜松．设施园艺装备化作业生产现状及发展建议［J］．农业工程技术，2018，38（4）：10－15.

［12］辜松．我国设施园艺生产作业装备发展浅析［J］．现代农业装备，2019，40（1）：4－11.

［13］蒲宝山，郑回勇，黄语燕，等．我国温室农业设施装备技术发展现状及建议［J］．江苏农业科学，2019，47（14）：13－18.

［14］王玮．陕西省定边县蔬菜产业现状及发展对策［D］．杨凌：西北农林科技大学，2019.

［15］周劲松，樊秀兰，廖云勇，等．新干县蔬菜产业发展现状、存在的问题及对策［J］．江西农业学报，2019，31（8）：140－144.

［16］王健，葛正艳，印婉楸，等．南京市六合区蔬菜基地的现状、存在问题及对策［J］．农业开发与装备，2018（6）：54－55.

［17］范明水，蔡文举．"一带一路"背景下海南热带花卉产业发展的新商机［J］．农业经济，2017（9）：132－134.

［18］吴慧，陈小丽．海南省四十年来气候变化的多时间尺度分析［J］．热带气象学报，2003（2）：213－218.

［19］盖志武，王锐萍，汪继超，等．海南省光伏农业发展概况［J］．科技经济导刊，2017（3）：110－111.

［20］郭腾腾．光伏温室的研究综述［J］．河南科技，2017（7）：158－160.

［21］朱永迪．光伏发电技术在设施农业中应用的关键问题研究［J］．农业机械，2018（8）：113－115.

［22］吴丹，张智杰，高菊玲，等．温室用风光互补发电系统的设计［J］．农业开发与装备，2020（1）：97－98.

［23］马明飞，彭家宝，陶小虎，等．环流温控光伏温室内温度场特性研究［J］．河南农业，2019（29）：46－48.

［24］范哲超，邬明亮，贺雨凯，等．温室独立型光伏储能供电系统的仿真研究［J］．江苏农业科学，2019，47（13）：272－276.

［25］陈旭根，陈颖，房新月，等．基于光伏发电的温室滴灌系统设计［J］．吉首大学学报（自然科学版），2019，40（4）：52－55.

热区连栋光伏蔬菜大棚结构设计实践与创新

0 引言

2020 年提出碳达峰、碳中和以来，农光互补再度成为行业热点。从科技、经济、生态等角度分析，光伏蔬菜大棚是农光互补的重要表现形式之一，是服从国家战略、履行社会责任、优化资源配置的必然选择。

海南省委、省政府《关于做好 2022 年全面推进乡村振兴重点工作的实施意见》提出的底线任务中，就包含新建 2 万亩农光互补蔬菜大棚，装机容量可达 200 万 kW 以上。这既是机遇也是挑战。如何最大限度地释放政策红利，发挥农光互补蔬菜大棚项目的引领示范作用，确保光伏蔬菜大棚姓"农"不姓"光"，避免陷入重光轻农、甚至弃农的老路，是行业亟待解决的问题。

1 相关政策依据

国土资源部（现自然资源部）、国务院扶贫办（现国家乡村振兴局）、国家能源局联合印发的《关于支持光伏扶贫和规范光伏发电产业用地的意见》（国土资规〔2017〕8 号），明确了使用农用地建设光伏项目的用地政策：利用农用地复合建设的光伏发电项目，在保障农用地可持续利用的前提下，可以不改变原土地利用性质，但需避免对农业生产造成影响。

海南省自然资源和规划厅、海南省发展和改革委员会、海南省扶贫工作办公室（现海南省乡村振兴局）联合印发的《关于进一步保障和规范光伏发电产业项目用地管理的通知》（琼自然资规〔2020〕2 号），要求新建农光互补项目的光伏方阵组件最低沿高于地面 2.0 m，桩基列间距不小于 3.5 m，行间距不小于 2.5 m。2022 年海南省平价菜保供惠民行动专班出台《示范性光伏蔬菜大棚技术规范规程》，规定大棚横梁高度不低于 2.5 m，并为棚内蔬菜种植提出六项基本功能、两项示范功能与四项技术参数（简称"624"规范）。该规程还加高了支架的高度，明确了海南光伏蔬菜大棚的各项设计指标，为棚内种植功能的实现提供了更好的保障。

2 光伏蔬菜大棚产业合作模式

2.1 设计阶段

传统光伏地面电站的设计内容包含光伏支架设计、光伏组件安装、升压站设计等模块，由光伏企业委托具有资质的电力勘察设计院进行设计。农光互补类项目涉及农业板块的种植运营，需要农业技术单位一同参与设计，以确保光伏蔬菜大棚建成后可达到采光、通风、防雨、防虫等基础种植条件，适宜机械化操作以及能低成本运营等。

2.2 建造与运营阶段

光伏企业作为项目业主，以租赁方式取得用地，设计方案被批复后，建设光伏蔬菜大棚并签定蔬菜产能协议（又称产能保证书）。在运营阶段，光伏企业将蔬菜大棚有偿或无偿提供给农业公司使用，农业公司负担种植过程中的设备维护及水电能耗费用，并作为蔬菜产能协议的实际履约人，代光伏企业履行产量承诺。

一般情况下，光伏企业在农业方面无技术实力和人员保障，与农业公司合作经营，是当前业态下的最佳解决路径。农业公司在入驻农光互补基地前会评估光伏蔬菜大棚及配套设施的适用性，产量目标的可实现性及经营成本。选址科学、规划合理、功能齐全、设施完备且具有一定规模的农光互补基地通常可吸引技术实力雄厚、经验丰富的农业公司入驻。

3 热区连栋光伏蔬菜大棚结构形式实践与创新

依据地理位置、全年太阳辐射分布、直射辐射与散射辐射比例、负载供电要求和特定场地等条件选定光伏阵列倾角，一般为系统全年发电量最大时的倾角，海南地区推荐$10°\sim16°$（同等条件下，尽可能选择较大角度，有利于散射光进入大棚内部）。光伏阵列倾角（即大棚南坡屋面角）确定后，根据前后排光伏支架不出现阴影遮挡的原则来确定前后支架的合理间距，并在此基础上，优化确定大棚的几何尺寸以改善大棚内的作物采光。

以海口市（北纬$20°02'$）为例，选取540 Wp型晶体硅光伏组件（简称540组件），组件尺寸为2256 mm×1133 mm，2行布置，拼缝宽度为20 mm，则光伏组件的斜面长度为4532 mm。当光伏组件倾角取$12°$，则冬至日9:00—15:00不被遮挡的支架最小安装间距为5620 mm[1]。考虑到直射光与散射光进光量应满足作物采光需求，在所选光伏组件尺寸及布置方式的前提下，结合海南常年蔬菜（以叶菜为主）种植要求，确定大棚的跨度、开间和高度。

大棚跨度：大棚跨度主要为支架的间距。在满足发电要求间距的基础上，将光伏支架最小安装间距定为6500 mm，即温室跨度为6.5 m。间距扩大可进一步提升进光量，但考虑到屋架受力及屋面排水等因素，温室跨度以6.5～7.5 m为宜。

大棚开间：光伏支架榀距为4 m，不宜超过4.5 m。

大棚高度：为保证农事操作空间及出于棚内采光通风需要，横梁最低处（天沟底面）距地面的净高不小于2.5 m（即肩高不小于2.5 m）。提升屋架高度可增加组件下部的进光量，但海南地区受台风影响较大，增加高度会较大幅度地增加材料的用量，且加大屋面施工、清洁等日常维护的难度，推荐肩高2.5～3.0 m。

3.1 简易型光伏蔬菜大棚

简易型光伏蔬菜大棚是在原有光伏支架升高以后，增加防雨、防虫等大棚设施形成简易大棚，因其不改变光伏支架的结构形式，更容易被光伏企业接受而广泛采用。目前单支柱支架结构和双支柱支架结构较为常见。双支柱结构稳固，受力优，但基础的数量较多；单支柱布置灵活，对非平整地形的适应性强，施工便捷，有利于降低施工误差，保障安装质量，节约工期[2]。支架结构一般根据地勘及荷载条件综合比选确定。

简易型光伏蔬菜大棚的设计思路可概述为通过传统光伏支架升高、支架之间架设钢结构、屋顶覆盖薄膜及其他密封处理、四周立面覆盖防虫网等措施，满足农业种植通风、防雨、防虫的基本要求。本文根据单/双支柱支架结构特点，结合经济性原则，对简易型光伏蔬菜大棚提出了3种设计方案，分别为天沟型双柱支架简易光伏蔬菜大棚、天沟型单柱支架简易光伏蔬菜大棚和圆拱型单柱支架简易光伏蔬菜大棚。

3.1.1 天沟型双柱支架简易光伏蔬菜大棚

3.1.1.1 大棚主要设计参数

（1）大棚型号：WS-GSJY-6.5-1（HD）[3]。

（2）基本尺寸参数：前后支架跨度为 6.5 m（3.5 m+3 m）；横梁最低处（天沟底面）距地面的净高不小于 2.5 m；支架屋面的坡度（即光伏阵列倾角）根据项目的具体位置确定，建议在 10°～16°。

（3）设计抗风等级：不低于项目所在地"30 年一遇"值。以海口为例，按《建筑结构荷载规范》（GB 50009—2012），设计风荷载取值为 0.66 kN/m²。

（4）光伏组件覆盖率：按光伏组件投影面积占温室面积的比例，约 68.2%。

（5）土地利用率：根据棚内可利用空间，参考农机作业空间进行起垄规划［图 1（a）］，剔除垄间空隙及立柱两侧各 15 cm 的不便种植区，棚内土地利用率约为 79.2%。

（6）适应地形条件：此方案可用于比较复杂的地形，适用范围较广。

大棚的结构方案与效果图如图 1 所示。

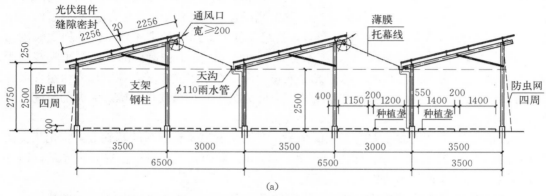

(a)

(b)

图 1　天沟型双柱支架简易光伏蔬菜大棚示意图

（a）结构剖面图（单位：mm）　（b）效果示意图

3.1.1.2 主要工程及材料做法

（1）基础：可根据项目实际情况选择适宜类型的桩基础（钢螺旋桩或灌注桩），要求 30 cm 耕作层范围内的基础直径或边长不大于 300 mm，以减少对耕作的影响。

（2）骨架：大棚骨架采用热镀锌钢材，将薄膜纳入整体考虑，按 30 年一遇风荷载进行结构计算，确定骨架尺寸、用钢量。

（3）光伏组件：光伏组件暂按 540 组件考虑，单列纵向 2 排布置，其他规格应重新优化设计。

（4）屋面防水：光伏组件之间的缝隙应采用耐候建筑胶密封（泡沫条嵌缝），或其他适宜工程做法，确保不漏水。

（5）屋面覆盖：支架之间的间隙部位采用具有散射功能的薄膜覆盖，厚度以 0.15 m 为宜。薄膜下布置聚酯托幕线。薄膜及聚酯托幕线均应张紧，防止兜水。当膜的宽度较大或排水坡度较小时，应采用起拱方案（参见后文 3.1.4）。

（6）排水：薄膜和光伏组件交接的低处应设置热镀锌板排水天沟，天沟下部间隔一定距离（按排水设计确定，以 32～40 m 为宜）设置落水管，对应地面处应设置地面排水管（沟），将雨水排至周边主排水沟。

（7）天沟：天沟采用热镀锌板压制，工艺要求先压后镀，避免出现微裂缝损伤而影响结构耐久性。

（8）通风：屋顶处应按设计要求预留通风口。通风口的净宽度不小于 200 mm，用以排出棚内热空气。通风口两侧覆盖应交叉，保证竖向雨水不会进入大棚内部。

（9）立面覆盖及分区：四周立面采用防虫网覆盖（可采用活动式，方便打开），单体分区大小可按排水、监控或地形等条件确定，面积以 5 亩左右为宜。

3.1.2 天沟型单柱支架简易光伏蔬菜大棚

3.1.2.1 大棚主要设计参数

（1）大棚型号：WS‑GSJY‑6.5‑2（HD）[3]。

（2）基本尺寸参数：前后支架跨度为 6.5 m（推荐 6.5～7.5 m），支架榀距为 4 m，横梁最低处（天沟底面）距地面的净高≥2.5 m，横梁斜撑的最低点距地面的高度为 1.9 m，光伏阵列倾角为 10°～16°。

（3）设计抗风等级：不低于项目所在地"30 年一遇"值。以海口为例，按《建筑结构荷载规范》（GB 50009—2012），设计风荷载取值为 0.66 kN/m²。

（4）光伏组件覆盖率：按光伏组件投影面积占温室面积的比例，约为 68.2%。

（5）土地利用率：根据棚内可利用空间，参考农机作业空间进行起垄规划［图 2（a）］，剔除垄间空隙及立柱两侧各 15 cm 的不便种植区，棚内土地利用率约为 80%。

（6）适应地形条件：此方案可用于比较复杂的地形，适用范围较广。

大棚的结构方案与效果图如图 2 所示。

3.1.2.2 主要工程及材料做法

（1）基础：选用预制桩基础或灌注桩基础。

（2）其他工程：参见"天沟型双柱支架简易光伏蔬菜大棚"部分的工程做法。

3.1.3 圆拱型单柱支架简易光伏蔬菜大棚

该类大棚为利用单支柱光伏支架改造而形成的圆拱棚。大棚以光伏支架立柱为立柱，在前后排光伏支架之间架设圆拱屋架，雨水顺着拱棚流至拱间通风道，经地面排水沟排出，省去了天沟、排水管等设施的投入。光伏支架与农业大棚既彼此独立又相互依存，棚内种植空间与传统大棚无异，较为贴合栽培管理人员的使用习惯。

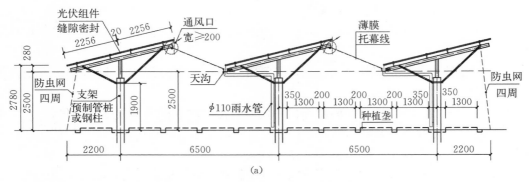

(a)

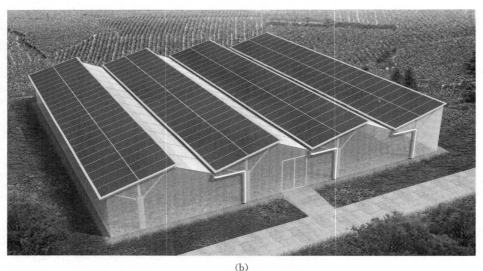

(b)

图 2　天沟型单柱支架简易光伏蔬菜大棚示意图

(a) 结构剖面图（单位：mm）　(b) 效果示意图

3.1.3.1　大棚主要设计参数

（1）大棚型号：WS-GSJY-6.5-3（HD）[3]。

（2）基本尺寸参数：前后支架跨度为 6.5 m（推荐 6.5～7.0 m），支架桁距为 4 m，支架下部采用圆拱屋面，拱架横梁最低处距地面的净高≥2.5 m，拱屋脊高度≥3.15 m，拱两侧肩高 1.8 m，拱间通风道宽为 0.8 m（跨度调整时该尺寸不变），拱跨度为 5.7 m。

（3）设计抗风等级：不低于当地"30 年一遇"抗风等级。以海口为例，按《建筑结构荷载规范》（GB 50009—2012），设计风荷载取值为 0.66 kN/m²。

（4）光伏组件覆盖率：按光伏组件投影面积占温室面积的比例，约 68.2%。

（5）土地利用率：根据棚内可利用空间，参考农机作业空间进行起垄规划 [图 3 (a)]，剔除垄间空隙及立柱两侧各 15 cm 的不便种植区，棚内土地利用率约为 78.5%。

（6）适应地形条件：此方案适用于较为平坦的地形，地面坡度不超过 10°。

大棚的结构方案与效果图如图 3 所示。

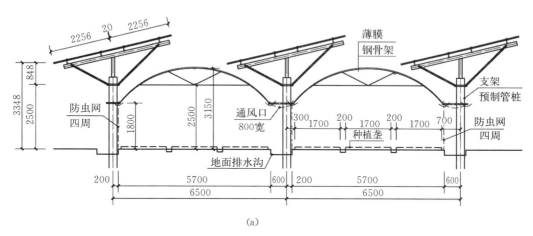

（a）

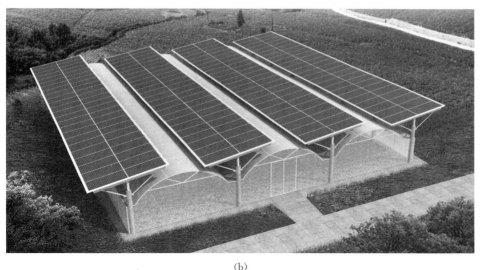

（b）

图 3　圆拱型单柱支架简易光伏蔬菜大棚示意图

（a）结构剖面图（单位：mm）（b）效果示意图

3.1.3.2　主要工程及材料做法

（1）基础：采用预制桩基础（在采用灌注桩、钢立柱的情况下，钢立柱材料截面增加较多，经济性较差，采用时应充分计算比较）。

（2）屋顶覆盖：为提高棚内的光照均匀性，支架下部的圆拱屋面采用具有散射功能的透明塑料薄膜覆盖，厚度以 0.12 mm 左右为宜。

（3）排水：雨水经圆拱屋顶排至地面排水沟（深 0.25～0.3 m）。排水沟铺防水布，防止泥土溅到菜叶上。

（4）通风：排水沟上方肩部采用防虫网覆盖，形成 0.8 m 宽的拱间通风道。

（5）其他工程（骨架、光伏组件、立面覆盖及分区）：参见"天沟型双柱支架简易光伏蔬菜大棚"部分的工程做法。

3.1.4 天沟型简易光伏蔬菜大棚屋面起拱方案

起拱方案用于应对前后排光伏支架间距加大，或薄膜部分角度较小造成的薄膜排水不畅、薄膜兜水的情况。以天沟型单柱支架简易光伏蔬菜大棚为例，当支架间距增加为 7 m 后，透光部分的薄膜宽度较宽，宜增加钢管起拱，以防止薄膜兜水，保证排水顺畅，如图 4 所示。起拱方案同样适用于天沟型双柱支架简易光伏蔬菜大棚。

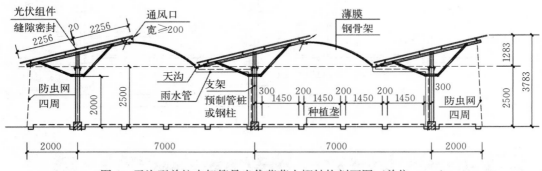

图 4　天沟型单柱支架简易光伏蔬菜大棚结构剖面图（单位：mm）

3.2　标准锯齿型光伏蔬菜大棚

标准锯齿型光伏蔬菜大棚以大棚结构为主体，结合海南热区气候特点及蔬菜种植光热环境需求，合理优化屋面结构，采用光伏组件作为屋面覆盖材料，部分替代传统薄膜等透光覆盖材料。因其结构合理，地面种植利用率高，光热环境更适宜，可达到蔬菜产量较露地种植不降低的目标，能够保证光伏蔬菜大棚的农业属性，实现农业生产与光伏发电的有机结合，对于热带地区发展光伏蔬菜大棚具有较好的示范作用。

3.2.1 大棚主要设计参数

（1）大棚型号：WS-GSJ-7.0-1（HD）[3]。

（2）基本尺寸参数：跨度为 7 m（推荐 7～7.5 m），开间为 4 m，肩高 2.6 m，脊高 3.837 m，南坡屋面角为 15°。

（3）设计抗风等级：不低于当地"30 年一遇"抗风等级。以海口为例，按《建筑结构荷载规范》（GB 50009—2012），设计风荷载取值为 0.66 kN/m²。

（4）土地利用率：根据棚内可利用空间，参考农机作业空间进行起垄规划［图 5（a）］，剔除垄间空隙及立柱两侧各 15 cm 的不便种植区，棚内土地利用率约为 85.7%。

（5）光伏组件覆盖率：按光伏组件投影面积占温室面积的比例，约为 63.3%。

（6）适应地形条件：此方案适用于比较平坦的地形，要求坡度不超过 5°，或地形应做阶梯型找平处理。

大棚的结构方案与效果图如图 5 所示。

3.2.2 主要工程及材料做法

（1）基础：选择钢筋混凝土独立基础。

（2）天沟：屋面设置热镀锌板排水天沟，天沟方向的长度以不超过 40 m 为宜（10 个开间），也可按照方便光伏组件分组来确定天沟方向的长度。如采用 8 个开间，长度为

32 m，单列可布置 2×28 块光伏组件。天沟两端设置落水管，将雨水排至大棚周边排水沟。

（3）通风：屋脊处留有约 0.5 m 宽的通风口，采用防虫网覆盖，保证棚内热空气及时排出。

（4）立面覆盖及分区：四周立面采用防虫网覆盖，设置吊轨推拉门，单体面积以 5 亩左右为宜。

（5）其他工程（骨架、光伏组件、屋顶覆盖）：参见"天沟型双柱支架简易光伏蔬菜大棚"部分的工程做法。

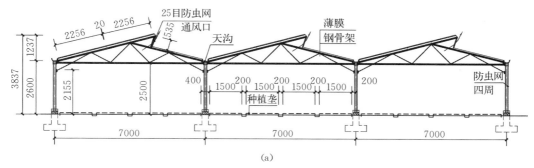

(a)

(b)

图 5　标准锯齿型光伏蔬菜大棚示意图

（a）结构剖面图（单位：mm）　（b）效果示意图

3.3　功能对比

比较而言，标准锯齿型光伏蔬菜大棚可通过调节屋面光伏组件的覆盖比例，适应叶菜类、瓜菜类等多品类作物，达到综合产量不降低、周年生产不间断的目标。其具备良好的防雨、通风、遮阴、防虫条件，能适应热带地区高温高湿、多台风暴雨的气候条件，且内部操作空间宽敞通透，有利于机械化、标准化耕种，提升产量和商品率。

4 工程造价

本文提供了三种简易型光伏蔬菜大棚设计方案和一种标准锯齿型光伏蔬菜大棚设计方案。其中天沟型单/双柱支架简易光伏蔬菜大棚仅支架结构不一样，改造简易棚所需的工程量基本无区别，造价计算时不单独区分。

4.1 天沟型单/双柱支架简易光伏蔬菜大棚

大棚按 15 阵列（阵列间距 6.5 m），阵列按 2×28 块光伏组件布置，长度为 32.292 m，即按单体面积（6.5×14+4.5）×32.292＝3083.89（m²）统计工程量。单价由海南省相关定额及 2022 年第三期信息价综合取得，单价估算均含安装费、税费等。单座大棚的装机容量为 2×28×15×540＝453600（W），支架及大棚改造的均摊投资为 1.16 元/W，详见表 1。

表 1　天沟型单/双柱支架简易光伏蔬菜大棚工程量清单及造价

名　称	规　格	单　位	数　量	单价（元）	合计（元）
棚体部分					197091.47
钢管（钢材）	含配件，加工	kg	5986	12.8	76617.29
卡槽	热镀锌卡槽	m	1173	5	5862.70
卡簧	涂塑卡簧	m	1173	0.8	938.03
薄膜	0.15 mm 厚	m²	995	6	5967.56
托膜线	ϕ2.3 mm	m²	1344	0.5	672.00
落水口	ϕ100 mm	个	28	100	2800.00
落水管	ϕ110 mm	m	140	75	10500.00
防虫网	32 目	m²	767	5	3833.76
耐候密封胶	含活动脚手架等	m	2403	35	84113.40
水槽防水涂料	水槽内侧 1.5 mm 厚	m²	181	32	5786.73
支架部分					329244.11
钢结构	含配件	kg	17011.72	12.3	209244.11
预制桩	ϕ300 mm	m	600	200	120000.00
总价（棚体部分＋支架部分）					526335.58
均价		元/W			1.16

注：表中数据不闭合由四舍五入引起，非计算错误。

4.2 圆拱型单柱支架简易光伏蔬菜大棚

大棚按 15 阵列（阵列间距 6.5 m），阵列按 2×28 块光伏组件布置，长度为 32.292 m，即按单体面积（6.5×14）×（32.292－1×2）＝2756.6（m²）（面积不含四周立柱以外的部分）统计工程量。综合单价由海南省相关定额及 2022 年第三期信息价综合取得，单价估算均含安装费、税费等。单座大棚的装机容量为 2×28×15×540＝453600（W），支架及大棚改造的均摊投资为 1.09 元/W，详见表 2。

表 2 圆拱型单柱支架简易光伏蔬菜大棚工程量清单及造价

名　称	规　格	单　位	数　量	单价（元）	合计（元）
棚体部分					142170.05
钢管（钢材）	含配件	kg	5986	12.8	100323.02
卡槽	热镀锌卡槽	m	1173	5	5276.88
卡簧	涂塑卡簧	m	1173	0.8	844.30
薄膜	0.15 mm 厚	m²	995	6	14775.94
防虫网	32 目	m²	1344	0.5	5665.28
钢管连接件	$\phi 100$ mm	个	28	100	2562.00
防水布排水沟	0.6 m×0.25 m	m	848	15	12722.64
支架部分					353244.11
钢结构	含配件	kg	17011.72	12.3	209244.11
预制桩	$\phi 300$ mm	m	720	200	144000.00
总价（棚体部分＋支架部分）					495414.17
均价		元/W			1.09

注：表中数据不闭合由四舍五入引起，非计算错误。

4.3　标准锯齿型光伏蔬菜大棚

标准锯齿型光伏蔬菜大棚以大棚结构为主体，大棚骨架结构即为光伏组件的支架结构。取 15 跨（跨度为 7 m）、10 开间（开间为 4 m），即按单座大棚面积（7×15）×（4×10）＝4200（m²）统计工程量。单座大棚的装机容量为 2×36×15×540＝583200（W），大棚均摊投资为 1.28 元/W，详见表 3。

表 3 标准锯齿型光伏蔬菜大棚工程量清单及造价

名　称	规　格	数　量	单　位	单价（元）	合计（元）
独立基础开挖	机械挖土方	382.98	m³	10.75	4116.99
基础垫层	C15	9.70	m³	690.00	6694.38
基础混凝土	C30	60.72	m³	700.00	42504.00
垫层模板		36.96	m²	58.00	2143.68
基础模板		369.60	m²	76.00	28089.60
基础钢筋	$\phi 10$ mm	1172.794	kg	7.30	8561.39
预埋件	4－M16	1300.675	kg	10.80	14047.29
基础回填土	机械回填	312.55	m³	6.00	1875.32
柱二次浇筑	C30 细石砼	3.96	m³	1100.00	4356.00
空腹钢柱	热镀锌薄壁钢管	6.844	t	12800.00	87597.00
屋架	热镀锌薄壁钢管	9.843	t	12800.00	125989.89
支撑	热镀锌薄壁钢管	1.427	t	12800.00	18271.03
檩条	热镀锌薄壁钢管	18.209	t	12800.00	233072.40

（续）

名　称	规　格	数　量	单　位	单价（元）	合计（元）
天沟	热镀锌薄壁钢板	5.368	t	12800.00	68712.57
卡槽	热镀锌大卡槽	2622.20	m	5.00	13111.00
卡簧	涂塑卡簧	2912.20	m	0.80	2329.76
PO高透膜	0.15 mm厚	1632.15	m²	6.00	9792.90
防虫网	25目	1530.10	m²	5.00	7650.50
落水管	PVC ϕ110 mm	73.60	m	75.00	5520.00
落水口	ϕ110 mm	30.00	个	100.00	3000.00
推拉门	热镀锌钢管＋防虫网	7.50	m²	250.00	1875.00
天沟防水	高分子防水材料	326.40	m²	32.00	10444.80
组件缝密封	耐候胶密封	3090	m	25.00	77247.00
聚酯托幕线	ϕ2.3 mm，膜下布置	1845	m	0.50	922.50
总价					745813.77
均价			元/W		1.28

注：表中数据不闭合由四舍五入引起，非计算错误。

5　综合效益评价

5.1　种植效益

按照海南地区常年蔬菜的种植要求，夏秋淡季蔬菜大棚以种植叶菜为主。因此，本文所设计的光伏蔬菜大棚均以叶菜为主要生产对象。

根据已有光伏蔬菜大棚的种植经验与产量数据，结合海南本地的生产特点，简易型光伏蔬菜大棚种植叶菜的亩均产量为600～700 kg，一年按8茬计，年亩产量为4.8～5.6 t；标准锯齿型光伏蔬菜大棚种植叶菜的亩均产量为900～1000 kg，一年按8茬计，年亩产量为7.2～8 t。考虑到选址、规模化经营的不确定性，简易型光伏蔬菜大棚种植叶菜的保底年亩产量按不小于4 t计算，标准锯齿型光伏蔬菜大棚种植叶菜的保底年亩产量按不小于6 t计算。

菜篮子以保供稳价为目标，因此叶菜地头收购价平均按4.0元/kg计算，种植成本约为3.4元/kg，净利润约为0.6元/kg。则圆拱型单柱支架简易光伏蔬菜大棚、天沟型单/双柱支架简易光伏蔬菜大棚年种植净收益每亩约为2400元，标准锯齿型光伏蔬菜大棚年种植净收益每亩约为3600元。

5.2　发电效益

简易型光伏蔬菜大棚采用两排540 W组件时的阵列间距暂按最小6.5 m考虑，实际应用中根据地理位置的不同，间距一般在6.5～7.5 m。标准锯齿型光伏蔬菜大棚采用两排540 W组件时跨度（阵列间距）按不小于7 m（7～7.5 m）设计。两种方式的光伏组件布置密度相差不大，发电的规模效益有保障。支架投入方面：圆拱型单柱支架简易光伏蔬菜大棚投入最低（1.09元/W），天沟型单/双柱支架简易光伏蔬菜大棚次之（1.16元/W），标准锯齿型光伏蔬菜大棚最高（1.28元/W），最大相差约0.19元/W。

5.3 综合评价

本项目结合产学研实践为热区连栋光伏蔬菜大棚提供四类可选棚型。以上棚型均满足海南本地农光互补政策规范要求，且适应海南当地设施蔬菜种植需求。比较而言，圆拱型单柱支架简易光伏蔬菜大棚造价最低，天沟型单/双柱支架简易光伏蔬菜大棚对复杂地形适应最好，标准锯齿型光伏蔬菜大棚综合效益最优。

6 后记

2022年海南省海口、文昌、琼海、万宁、三亚、屯昌、儋州、临高、琼中、白沙、昌江等多个市县已有光伏蔬菜大棚项目批复建设。光伏企业作为项目投融资业主，发电效益得以保障，项目才可通过企业内部评审；利用农用地复合建设光伏蔬菜大棚，保证蔬菜产量才能保障农用地的可持续利用。而要想达到不低于露地的产量，且达到与传统光伏电站的发电效益相当，标准锯齿型光伏蔬菜大棚是优选棚型。

参考文献

［1］上海电力设计院有限公司，中国电力企业联合会．光伏发电站设计规范：GB 50797—2012［S］．北京：中国计划出版社，2012.

［2］李桂庆．太阳能光伏支架结构方案对比分析［J］．建筑技术开发，2020，47（9）：9-10.

［3］周长吉．温室工程设计手册［M］．北京：中国农业出版社，2007.

基于 DesignBuilder 的热区光伏温室光热环境模拟与实验研究

　　光伏温室是采用光伏电池组件作为屋面覆盖材料，部分替代传统温室覆盖材料［薄膜、PC（聚碳酸酯）板、玻璃等］，达到实现温室作物生产与光伏发电有机结合的目的，在我国已展开了越来越多的实践[1-3]。其中以光伏日光温室最为典型，主要形式有：①光伏组件布置在前屋面上；②光伏组件布置在屋脊上；③光伏组件布置在两端山墙侧及后坡面上。上述第二种布置为了不影响其北侧温室的采光，其前后栋间距会增大，实际是光伏间接占用了土地，改变了光伏温室的性质。第三种布置光伏组件规模较小，难以形成发电的规模效应。而采光屋面布置光伏组件最直接的结果是降低温室内的光照度、改变温室的光照分布规律。特别是在不同的天气情况下，散射光的多少对光伏温室内的光照度也有较大的影响。因此，确定光伏组件在温室屋面合适的覆盖率和覆盖方式，对光伏温室发电效益平衡和农业生产正常进行的影响均较大。

　　决定光伏温室生产的环境参数不单是光照参数，还包括温度参数。因此需要对光伏温室内部的光照和温度等环境参数进行研究。祁娟霞等[4]以宁夏二代日光温室为对照，系统比较了冬季时不同光伏温室类型在宁夏地区内部环境的差异，得出光伏组件置于屋顶处的光伏日光温室的最高温度、光照度均显著高于对照日光温室。K. Ezzaeri 等[5]研究覆盖了40％光伏组件的温室在夏冬两季对小气候和番茄产量的影响，发现光伏组件对环境参数和产量没有显著影响，甚至在炎热时期，光伏组件还会降低温室内的温度。董微等[6]对光伏温室［肩高 6 m，双坡对称屋面，屋面跨度为 4 m，屋面角为 24°，光伏组件（采用薄膜电池组件）在南侧采光面间隔排列，覆盖率为 39.4％］进行了室内外温湿度和光照等数据的测试，得出夏季在湿帘风机系统开启的条件下，降温范围可达 0.5～7.8 ℃，温室平均透光率为 66.27％，光伏板布局的光照可以满足作物需要。Reda Hassanien Emam Hassanien 等[7]在昆明开展了光伏温室与传统温室的对比试验，晴朗天气下光伏温室室内空气温度降低 1～3 ℃，相对湿度增加 2％，太阳辐射减少 35％～40％。

　　准确预测光伏温室内的各项环境参数是建设可持续节能温室的前提，而恰当运用模拟软件可以突破时间和空间的局限，帮助研究人员快速得到大量分析数据和图谱。本项目拟采用 DesignBuilder 软件，运用 Daylighting 采光分析模块和 CFD 建筑流体分析模块，开展典型气候条件下的光热环境模拟。DesignBuilder 应用于光热环境分析已较为成熟。范瑛琳[8]运用 DesignBuilder 模拟了鲁南地区典型石砌民居的室内热环境，为该地区的民居升级改造提供设计思路。宋涛[9]分别使用 DesignBuilder 和 Ecotect 软件对新疆乌鲁木齐地区某栋办公建筑进行了能耗模拟，得出 Ecotect 在建筑能耗模拟方面有明显不足之处的结论。Jesús M. Blanco 等[10]通过 DesignBuilder 研究围护结构对整个建筑的制冷、供暖和照明负荷（能耗）的影响。

　　海南地处热区，光热资源季节分配均匀，如年总辐射量上，海口为 5177 MJ/m²、三亚为 6140 MJ/m²，年日照时数上，海口为 1902 h、三亚为 2491 h[11]，非常适合光伏温室的应用和推广。本文以一种专利光伏温室[12]为原型，按 1∶1 尺寸实地建造 259.2 m² 实验温室，借助仿真和实测手段，研究该类型光伏温室在热区的光照度和温湿度分布规律，以期为光伏温室的研发提供基础数据，为热区光伏温室的推广实践提供参考。

1 材料与方法

1.1 实验光伏温室

实验光伏温室位于海南大学海甸校区农科实践基地内（东经 110°33′，北纬 20°05′）。温室跨度为 5.4 m，3 跨，总长为 16.2 m，开间为 4 m，4 开间，总宽为 16 m，温室占地面积为 259.2 m²。温室肩高 2.5 m，脊高 3.7 m，南北走向，单坡屋顶，屋面朝南。温室的主体结构为热镀锌钢管，屋顶除光伏组件以外的部分均覆盖 0.15 mm 厚的薄膜，锯齿通风口覆盖 40 目防虫网，温室四周立面全部采用 90% 遮阳率的遮阳网覆盖（由于实验温室面积较小，为了避免四周散射光照对试验结果的影响，四周立面均采用遮阳网覆盖。规模化生产时，四周采用防虫网覆盖即可）。光伏组件采用多晶硅电池组件，其尺寸为 1650 mm×990 mm，功率为 250 W。在屋顶布置时，按照 4 块一组进行布置，每跨可布置 6 组 24 块，3 跨共计 72 块，功率合计 18 kW。组件之间留有 0.6 m 宽的透光带，其上覆盖薄膜，覆盖率为 76.9%〔注：覆盖率＝光伏组件面积/（光伏组件面积＋组件之间的透光带面积）；前后跨之间的薄膜覆盖部分是为保证冬至日 9∶00—15∶00 时段内光伏组件前后不被遮挡而留出的光伏阵列间距（GB 50797—2012）[13]，不参与覆盖率计算〕。屋顶覆盖组件之间和薄膜覆盖之间均采用密封胶密封，达到顶部防雨的目的。屋面雨水通过设置在肩部的天沟排至温室两端的雨水管。温室模拟模型及实景如图 1 所示。

(a)   (b)

图 1 实验光伏温室模拟模型及实景图
(a) 模拟模型 (b) 实景图

1.2 测试仪器

本项目采用 HOBO U14-001 温湿度自动记录仪采集温湿度数据，温度的量程为 -20～50 ℃，精度为 0.2 ℃，分辨率为 0.03 ℃（25 ℃）；采用 i500-EGZ 光照度仪器采集光照度，量程为 0～20 万 lx，精度为 4%，分辨率为 0.1 klx。

1.3 测定方法

1.3.1 采集时间

针对海南气候特点，本试验选取典型的夏季（以 7 月为例）和冬季（以 1 月为例）两季，记录 8:30—17:30 实验光伏温室的内部环境数据，每间隔 10 min 记录 1 次数据。

1.3.2 光照度采集

共设置 6 个采集点。其中在温室内，中部设置 5 个采集点 A、B、C、D、E，如图 2 所示。按照屋面覆盖的分区，在组件的正下方中间和透光带的中间均匀布置采集点，以叶菜高度为基准，测试离地高度为 30 cm。室外设置 1 个光照度采集点，位置选在温室外无遮挡、离地 80 cm 处。

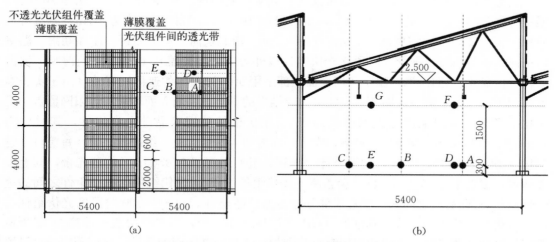

图 2　温室内采集布置平面、剖面示意图（单位：标高 m，其他 mm）

（a）采集点平面布置图　（b）采集点剖面布置图

1.3.3 温湿度采集

温室内外共设置 8 个采集点（采集点与布置的机位对应，本文同），温湿度采集点布置除了和光照度相同的点外，在温室内部 D、E 采集点的垂直方向上（距地面 180 cm）各设置一个采集点 F、G［图 2（b）］。

1.3.4 对照温室大棚

在实验温室的相邻位置选取锯齿膜棚和荫棚作为对照组，在其中部离地 30 cm 处设置温湿度和光照度采集点。

所有采集仪器在测量时用透明细塑料绳悬挂。温湿度采集仪器上方设置泡沫板，避免太阳直射辐射加热仪器，影响测量精度。

1.3.5 DesignBuilder 软件模拟

在 DesignBuilder 软件中创建光伏温室模型［图 1（a）］，以内置的 EnergyPlus 对温室光热环境进行数值模拟计算。气象数据采用中国气象局实测的 CSWD 类型，地理位置设置为海口。

2　结果与分析

2.1 光照度分析

2.1.1 冬季光照度分析

光伏组件对温室内部光环境有着明显的影响，特别是光照最弱的冬季。热区光照资源相对丰富，但布置光伏组件后也会在很大程度上降低温室内的光照度。测试热区冬季阴雨天气状况下温室内的光照度，如能满足作物生长需求，理论上该区域该类型光伏温室全年的光照度均可满足作物生长需求。

冬季测试时间为 2016 年 1 月 5 日，天气状况为小雨，光伏温室内各采集点的光照度如图 3 所示。

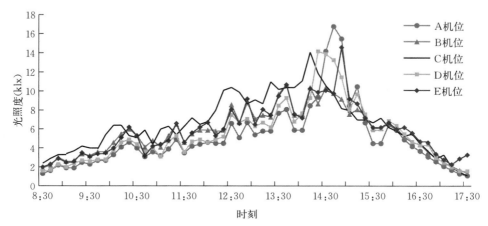

图 3　冬季小雨天气情况下光伏温室内光照度变化情况

由图 3 可知，室内不同区域的光照度变化趋势基本一致，光照度于 14:30 左右达到峰值。对比光伏组件下遮阴区域的 A 机位，透光区域的 C 机位，以及过渡区域的 B 机位的光照度，可知 C>B>A，光伏组件的遮阴会影响板下区域采光。对比透光带的 D 机位与透光区域的 E 机位的光照度数据，可知 E>D，透光带下部的光照度也会受光伏组件遮阴的影响。

为定量分析室内的透光率，将 10:00—16:00 这 6 h 内的光照度取平均值，并与室外光照度对比（表 1）。

表 1　冬季光伏温室平均光照度及透光率分析表

	室外	A 机位	B 机位	C 机位	D 机位	E 机位	综合平均值
平均光照度（klx）	27.23	6.48	6.95	7.99	6.69	7.29	7.02
透光率（%）		23.79	25.53	29.35	24.56	26.77	25.77

由表 1 可知，当日 10:00—16:00 这 6 h 的室外光照度平均值为 27.23 klx，室内各机位测得的平均光照度在 6.48～7.99 klx，将屋面透光区域与光伏组件覆盖区域按面积比例加权计算后得到综合平均透光率为 25.77%，综合平均光照度为 7.02 klx。

对比分析冬季室内采光最优处（C）与最差处（A）的平均光照度，A 机位为 C 机位的 81.1%（相差 1.51 klx），可知冬季光伏温室内各区域的光照度差别较小，光照度分布相对均匀。

2.1.2　夏季光照度分析

夏季测试时间为 2015 年 7 月的 28 日、29 日、31 日，天气状况分别为雷阵雨、雷阵雨转多云、多云间晴（短时阵雨），室内外各采集点的光照度如图 4 所示；并将夏季不同天气情况下一日内 9:00—16:00 这 7 h 采集到的光照度取平均值，与室外光照度对比分析如表 2 所示。

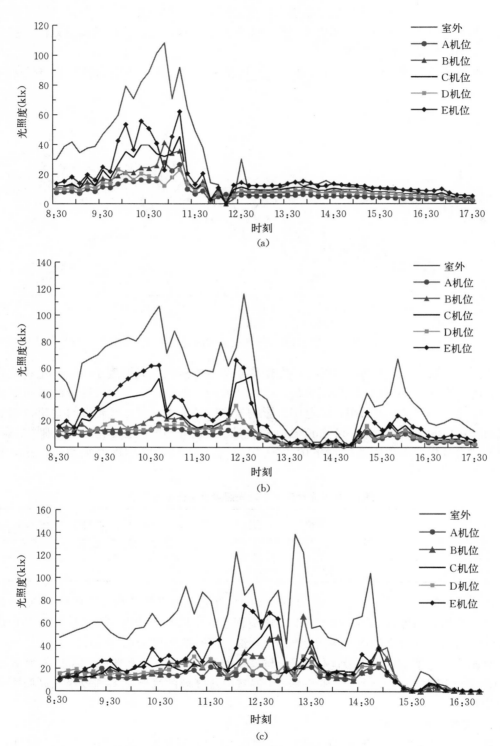

图 4　夏季不同天气情况下光伏温室光照度变化情况

（a）雷阵雨天气　（b）雷阵雨转多云天气　（c）多云间晴天气

表 2　夏季不同天气情况下光伏温室平均光照度及透光率分析表

日期	类别	室外	A 机位	B 机位	C 机位	D 机位	E 机位	综合平均值
7 月 28 日 雷阵雨	光照度（klx）	34.04	8.30	12.33	15.13	10.32	19.39	12.53
	透光率（%）		24.38	36.21	44.44	30.31	56.95	36.82
7 月 29 日 雷阵雨转多云	光照度（klx）	51.43	8.47	12.28	19.10	11.41	26.16	14.18
	透光率（%）		16.47	23.87	37.13	22.19	50.86	27.57
7 月 31 日 多云间晴	光照度（klx）	60.31	13.50	20.33	21.77	17.60	28.00	19.71
	透光率（%）		22.38	33.71	36.09	29.19	46.43	32.67
3 日平均值	光照度（klx）	48.60	10.09	14.98	18.66	13.11	24.52	15.47
	透光率（%）		21.08	31.27	39.22	27.23	51.41	32.35

由图 4 及表 2 可知，夏季雷阵雨天气情况下室外光照度平均值为 34.04 klx，室内各机位测得平均光照度在 8.30～19.39 klx；雷阵雨转多云天气情况下室外光照度平均值为 51.43 klx，室内各机位测得平均光照度在 8.47～26.16 klx；多云间晴天气情况下室外光照度平均值为 60.31 klx，室内各机位测得平均光照度在 13.50～28.00 klx；天气情况对室内光照度的大小影响明显。平均光照度：室外＞E＞C＞B＞D＞A。

对比分析夏季室内采光最优处（E）与最差处（A）的平均光照度，分别相差 11.09 klx（雷阵雨）、17.69 klx（雷阵雨转多云）、14.50 klx（多云间晴），夏季室内采光最差处（A）的日平均光照度为最优处（E）的 41.15%（冬季该值为 81.1%）。夏季室内光照度分布均匀性较差，主要是夏季直射光较散射光比例增大的缘故。

将屋面透光区域与光伏组件覆盖区域按面积比例加权计算得到夏季不同天气情况下光伏温室的综合平均透光率分别为 36.82%（雷阵雨）、27.57%（雷阵雨转多云）和 32.67%（多云间晴），三种天气情况的平均值为 32.35%。

2.2　温湿度分析

室内温湿度不仅仅影响植物生长，还影响温室内工人操作。为此，除 A、B、C、D、E 机位外，于室内离地 1.8 m 处新增 F、G 机位，测试冬季（小雨天气）和夏季（雷阵雨转多云天气）光伏温室内的温湿度，测得结果如图 5、图 6 所示。

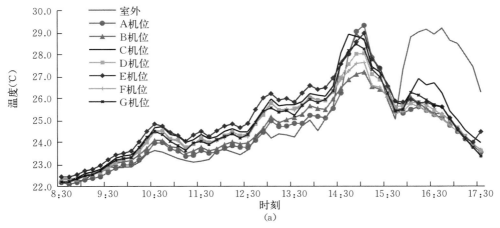

(a)

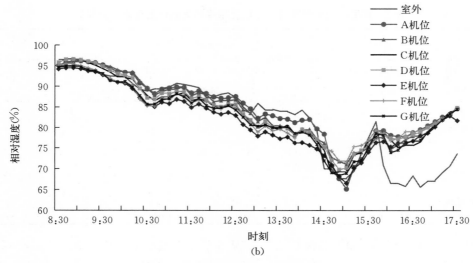

图5 冬季光伏温室室内外温湿度变化

(a) 室内外温度 (b) 室内外湿度

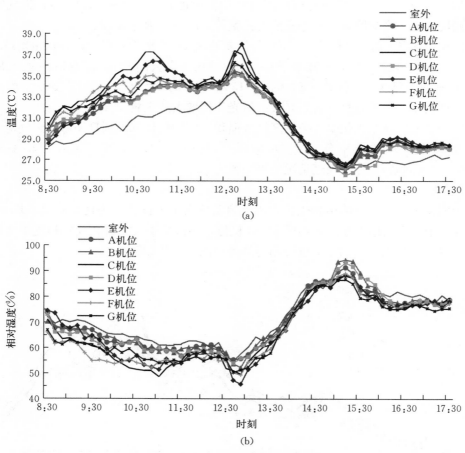

图6 夏季光伏温室室内外温湿度变化

(a) 室内外温度 (b) 室内外湿度

温湿度极值能够比较直观地反映温湿度。光伏温室冬季和夏季室内外各机位采集的温湿度最大、最小值及室内各点平均值如表 3、表 4 所示。

表 3　冬季光伏温室室内外温湿度极值表

1月5日	室外	A 机位	B 机位	C 机位	D 机位	E 机位	F 机位	G 机位	室内平均
最高温度（℃）	29.2	29.3	27.2	28.9	28.0	29.0	27.6	28.5	28.4
最低温度（℃）	22.3	22.1	22.3	22.2	22.3	22.4	22.2	22.2	22.2
最大相对湿度（%）	95	96	96	97	97	94	96	95	95.8
最小相对湿度（%）	66	65	71	69	70	67	72	68	68.8

表 4　夏季光伏温室室内外温湿度极值表

7月29日	室外	A 机位	B 机位	C 机位	D 机位	E 机位	F 机位	G 机位	室内平均
最高温度（℃）	33.5	35.2	35.5	37.4	35.0	38.0	36.0	36.3	36.2
最低温度（℃）	26.1	26.3	26.0	26.5	25.6	26.6	26.2	26.4	26.2
最大相对湿度（%）	88	91	94	88	93	88	89	87	90.3
最小相对湿度（%）	55	55	52	49	54	46	49	51	50.9

从图 5、表 3 可知，上午及正午时段室内温湿度受室外影响较大，室内温湿度紧随室外变化而变化，下午时段室内温湿度相对稳定，受室外影响较小。9:00—14:30 室内温度高于室外，相对湿度低于室外；14:30—16:00 室内、外的温湿度无明显差异；受光照天气情况影响，16:00—17:30 室内温度低于室外，相对湿度高于室外。室内各测试点平均值与室外差异不大，午后受"雨转多云"天气情况和光伏组件影响，出现室内温度低于室外的"逆温"现象。当日室内各测试机位温湿度的差异不显著，各机位温度平均差 0.8 ℃（湿度平均差 3.6%），最大差 2.1 ℃（湿度最大差 6.5%）。

从图 6、表 4 可分析得出，夏季雷阵雨转多云天气情况下室外温度在 26.1～33.5 ℃，室内温度平均值在 26.2～36.2 ℃，一天中大部分时间室内温度高于室外，最大温差为 3.0 ℃；室外相对湿度在 55%～88%，室内相对湿度平均值在 50.9%～90.3%。光伏组件的遮阴对夏季光伏室内温湿度分布的均匀性有着比较明显的影响。

2.3　光伏温室与对照棚型分析

锯齿膜棚和荫棚在热区应用广泛，因此将光伏温室与锯齿膜棚、荫棚的光照度和温湿度进行横向对比，结果如图 7、表 5 所示。其中光伏温室数据采用各采集点的综合平均值，锯齿膜棚、荫棚数据为采集点测得值，测试时间为 5 月 9 日，天气情况为多云。用于测试的锯齿膜棚，屋顶上的外遮阳为展开状态，屋顶及墙面覆盖的塑料薄膜已使用 4 年，存在污渍、老化、透光率下降等情况；光伏温室和荫棚为新建，使用时间小于 1 年。

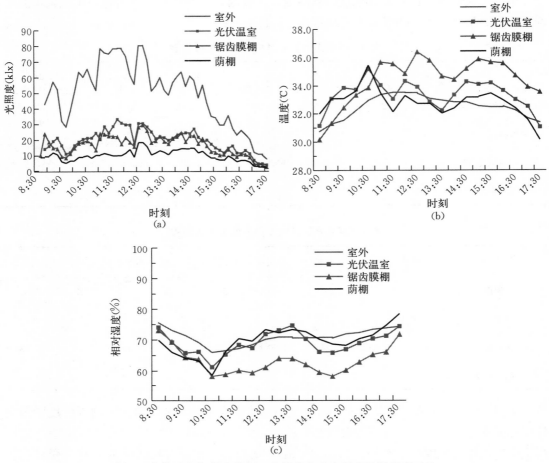

图 7　光伏温室与锯齿膜棚、荫棚的室内光照度及温湿度对比

（a）光照度对比　（b）温度对比　（c）相对湿度对比

表 5　光伏温室与其他棚型的测试结果平均值对比表

5 月 9 日	室外	光伏温室	锯齿膜棚	荫棚
日光照度平均值（klx）	49.56	21.51	18.17	10.66
透光率（%）		43.41	36.67	21.52
最高温度（℃）	33.5	35.2	36.4	35.4
平均温度（℃）	32.5	33.3	34.4	32.8
最低温度（℃）	30.7	31.1	30.2	30.1
最大相对湿度（%）	76	75	73	78
平均相对湿度（%）	71	69	63	70
最小相对湿度（%）	66	61	58	59

　　从图 7、表 5 分析可知，各棚型室内平均光照度对比结果为光伏温室＞锯齿膜棚＞荫棚；采集日的室外温度在 30.7～33.5 ℃、相对湿度在 66%～76%，各棚型平均温度为锯

齿膜棚（34.4 ℃）＞光伏温室（33.3 ℃）＞荫棚（32.8 ℃）＞室外；各棚型平均相对湿度差异不大。光伏温室温湿度环境与普通温室相当。锯齿膜棚温度相对较高的原因为四周覆盖薄膜（部分卷膜开窗），相对光伏温室和荫棚四周覆盖遮阳网的通风效果较差。

2.4　DesignBuilder 模拟分析

按照实验光伏温室的尺寸在 DesignBuilder 中进行建模。屋顶面光伏组件由 3 mm 钢化玻璃和不透光背板组成，按照不透光设置，导热系数为 0.76 W/(m·K)；屋面薄膜覆盖的透光率设置为 85％，导热系数为 0.17 W/(m·K)；通风口处为白色防虫网，透光率为 76.5％[14]，孔隙率为 53.76％[15]；四周遮阳网的透光率为 10％，孔隙率为 30％。

2.4.1　光环境模拟

本试验选取冬季 1 月 5 日的 10:00—16:00、夏季 7 月 29 日的 9:00—16:00 两个时间段进行室内自然光模拟。由于室内光照度受外界天气影响较大，而天气变化存在随机性和不确定性，本次模拟选取采光系数（即温室行业所述透光率）作为评价指标，正午 12:00 的模拟云图如图 8 所示。

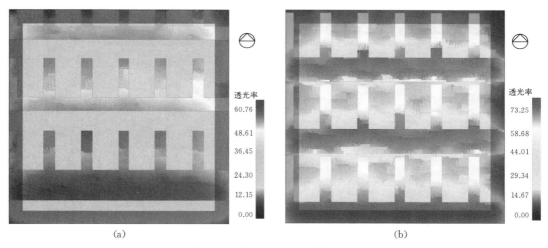

图 8　光伏温室透光率模拟云图

(a) 冬季　(b) 夏季

由光伏温室透光率模拟云图（图 8）可知，由于光伏组件的遮挡，室内透光率存在明显的分区，薄膜覆盖区域和光伏组件覆盖区域的透光率相差较大。模拟数据和实测透光率的变化趋势基本相同：光伏组件下方区域的透光率是夏季低于冬季，薄膜透光区域的透光率是夏季高于冬季。冬季随着太阳高度角减小，采光区域与发电区域的透光率界线逐渐北移，光伏组件投影面积变大。

天气情况会影响具体时刻的透光率，为此，采用软件模拟各个时刻的透光率情况，由模拟软件根据模型计算出各模拟时刻的平均透光率，将各时刻的平均透光率再求平均值后得到一天内的平均透光率，并与实测一天内的平均透光率比较。冬季光伏温室的模拟平均透光率为 33.09％，实测为 25.77％；夏季平均透光率为 37.54％，实测为 32.35％。实测值均小于模拟值，分析是温室骨架及屋面卡槽等附属构件的局部时刻遮阴造成。

从分布变化趋势和平均透光率分析可以得出模拟的透光率是相对可靠的。在利用
DesignBuilder 对光伏温室采光进行模拟分析时应考虑骨架及附属构件的影响系数，冬季
的影响比例约为 20.9%，夏季约为 15%。

2.4.2 温度场及热环境模拟

试验同样选取冬季 1 月 5 日、夏季 7 月 29 日两日开展室内温度场及热环境模拟，冬
季与夏季的温度模拟云图和室内外温湿度变化曲线图如图 9 至图 12 所示。

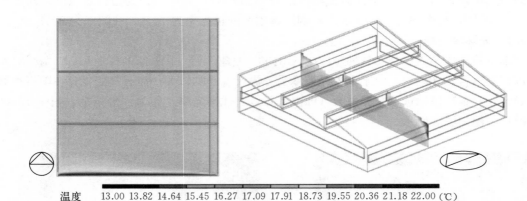

温度　13.00　13.82　14.64　15.45　16.27　17.09　17.91　18.73　19.55　20.36　21.18　22.00（℃）

图 9　冬季光伏温室内温度模拟云图

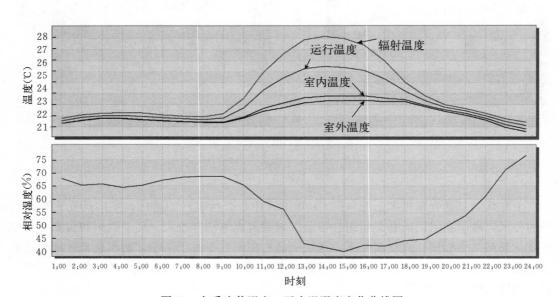

图 10　冬季光伏温室一天内温湿度变化曲线图

注：本图乃软件内置的格式。图中的辐射温度和运行温度均是软件做仿真计算时假定的温度条件。

由于室外温度受天气情况影响较大（本文模拟天气的室外温度为 11.1～16.8 ℃，实
测室外温度为 22.3～29.2 ℃），模拟温度仅做变化规律分析。从冬季光伏温室内部的温度
模拟云图（图 9）可知，冬季温室内温度在水平面上的分布规律为南侧和西侧的温度较
高，东侧和北侧较低；垂直面上的分布规律为从上到下逐渐降低，地面略高。

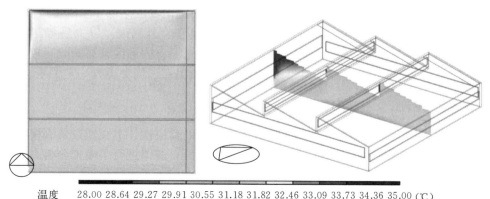

温度 　28.00 28.64 29.27 29.91 30.55 31.18 31.82 32.46 33.09 33.73 34.36 35.00 (℃)

图 11　夏季光伏温室内温度模拟云图

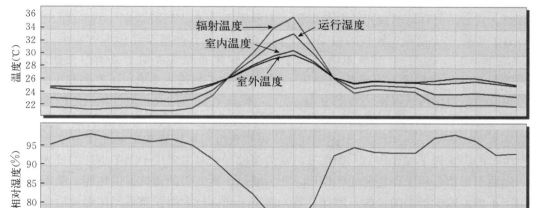

图 12　夏季光伏温室一天内温湿度变化曲线图

注：本图乃软件内置的格式。图中的辐射温度和运行温度均是软件做仿真计算时假定的温度条件。

　　由冬季光伏温室温湿度变化曲线（图 10）可知，光伏温室的室内外温差在 13：00 时达到最大（1 ℃左右），室内相对湿度随温度的升高降低，最高温度及最小相对湿度出现在 15：00 左右。实测光伏温室室内外温湿度变化趋势与模拟数据基本一致。但实测数据受天气急剧变化影响，16：00 以后出现室内温度低于室外的情况。

　　由夏季光伏温室内部的温度模拟云图（图 11）可知，室内大部分区域温度分布比较均匀，屋面及通风口的温度较高，靠近地面处温度越低。这和当地夏季主风向为东南风有密切关系，温室南立面为迎风面，北侧的锯齿通风口处为负压，内部热量较多蓄积在温室锯齿通风口及屋面下方。模拟中最北侧锯齿通风口温度较高的区域相对于南侧两个锯齿通风口高温范围要广，主要原因是该处不仅设置了防虫网，还设置了遮阳网，通风能力降低，导致该区域通风不足，热空气排出较慢。

由夏季光伏温室温湿度变化曲线（图12）可知，室内相对湿度随温度的升降而变化，最高温度及最低湿度大致位于13:00处。在9:00之前室内温度略低于室外温度，15:00—17:00室内外温度基本一致，9:00—15:00室内温度高于室外温度。以上趋势与实测结果一致，但实测的温差相对于模拟结果要高2℃左右，且温室内温度升高的时间较模拟结果提前约1 h，这与测试当日实际风速、天气情况和实验温室四周环境有一定关系。

3 讨论与结论

（1）应同时用光、温两个环境因子研究光伏温室的适应性：本文通过仿真模拟和试验实测的方法对热区特定光伏温室的光照度和温湿度的分布规律进行了模拟分析和实测，并与普通温室大棚进行了对比分析。由于在温室采光面上引入了光伏组件，温室内部的采光必然会被削弱。如果从不影响作物采光的角度考虑，仅是小面积布置光伏组件，则很难达到发电的规模效应；较大比例甚至全部布置光伏组件则会与温室内部作物抢夺光照资源。因此，光伏温室内部光照强弱成了光伏温室研究的重点内容。赵雪等[16]对光伏日光温室夏季光环境及其对番茄的生长影响做了研究，得出的结论为光伏日光温室的组件有助于夏季降温，且室内光环境可满足番茄的生长；束胜等[17]对在不同覆盖率（33%和50%）的单栋双坡屋面光伏温室下种植的白菜从生长、光合作用、产量及品质等方面进行了研究（江苏常州，10—11月），结果表明，33%光伏组件覆盖温室可用于普通白菜栽培生产；张勇等[18]对不同组件覆盖方式及覆盖率的光伏温室的平均透光率进行了实测和Ecotect软件模拟分析，得出传统温室透光率为58.87%，覆盖率58%的光伏组件纵向间隔排布的温室总体透光率为38.45%，覆盖率58%和81%的光伏组件横向间隔排布的温室总体透光率分别为29.00%和24.21%。上述研究均从光照角度对不同覆盖率的光伏温室的光照度或对生产的影响做了细致研究。如果考虑室内温度，则对主要用于越冬生产的日光温室而言，光照不单单是用于作物的光合作用，还为墙体、地面等的蓄热提供热源，从而达到冬季生产不加温或少加温的目的。因此，日光温室采光面较大面积布置光伏组件后会影响温室冬季的采光和蓄热。仅从采光角度考虑，较大覆盖率的情况下光照仅仅能够满足耐阴作物的生长条件，蓄热越冬生产则是光伏日光温室需要解决的一个难题。热区属于冬暖地区，可以不用考虑加温蓄热等越冬生产措施，也无需保温设备，温室覆盖形式比较简单，屋顶布置光伏组件和防雨薄膜（玻璃等），四周及通风口均只需覆盖防虫网就可以满足越冬生产需求；在夏季高温天气下，光伏组件遮阴和四周半开敞式（防虫网覆盖）设计有利于缓解温室内部高温，光伏组件遮阴有利于夏季生产：这为热区的光伏温室做到光伏发电和农业生产两不误提供了可行性基础。

本文从光照和温湿度两个角度同时对热区的光伏温室进行了实测分析。①光照度：冬季（1月5日，小雨）光伏温室内部光照度分布相对比较均匀，10:00—16:00的综合平均光照度为7.02 klx（其中13:30—15:30的平均光照度可达9.35 klx），综合平均透光率为25.77%；夏季（7月28日，雷阵雨；7月29日，雷阵雨转多云；7月31日，多云间晴）光伏温室内部光照分布相对不均匀，各采集点综合平均光照度最大值为24.52 klx，最小值为10.09 klx，相差约59%，夏季综合平均光照度为15.47 klx，综合平均透光率为32.35%。②温湿度：冬季室内平均温度在22.2～28.4 ℃，相对湿度平均值在68.8%～95.8%，与室外的温湿度基本保持一致；夏季室内平均温度在26.2～36.2 ℃，相对湿度平均值在 50.9%～90.3%。结果表明，其温湿度和光照度基本能够满足耐阴及中性作物的生产需求。

（2）通风与遮阳是热区光伏温室的显著特点：对夏季光伏温室、锯齿膜棚（含外遮阳）和荫棚的对比测试结果表明，荫棚由于遮阳通风，室内平均温度（32.8 ℃）最低；光伏温室屋顶光伏组件部分遮阳，四周及锯齿口通风较好，室内平均温度（33.3 ℃）居中；而锯齿膜棚由于四周采用薄膜覆盖，部分卷膜开窗，室内平均温度（34.4 ℃）最高。室内平均光照度对比结果是光伏温室（21.51 klx）＞锯齿膜棚（18.17 klx）＞荫棚（10.66 klx）。可见遮阳和通风可以有效降低温室大棚内部的温度，光伏组件的遮阴作用对热区温室大棚的生产是有利的。从夏季温度模拟云图（图 11）的结果分析看，由于北立面通风口考虑设置了遮阳网，其通风面积减小，温度较其他通风口高，也验证了良好的通风是控制夏季室内高温的一个重要手段。热区光伏温室仅需考虑良好的通风结构，无需增加其他设备设施就能够满足农业生产对温度方面的要求，在结构上容易做到统一，建造成本低，为光伏温室在热区的推广与发展奠定了基础。

（3）采用 DesignBuilder 模拟光伏温室内的光照度和温湿度，模拟趋势与实测结果基本保持一致：冬季实测小雨天气情况下 10：00—16：00 这 6 h 内的综合平均透光率为 25.77%，综合平均光照度为 7.02 klx，模拟冬季光伏温室的平均透光率为 33.09%；夏季实测不同天气情况下 9：00—16：00 这 7 h 内的综合平均透光率为 32.35%，综合平均光照度为 15.47 klx，模拟夏季平均透光率为 37.54%。实测夏季室内外平均温差约 2.7 ℃、冬季室内外平均温差小于 1 ℃，模拟冬季和夏季的平均温差均不到 1 ℃。考虑结构和实际天气情况的影响，模拟结果和实测结果趋势基本保持一致，这说明采用 DesignBuilder 对光伏温室的透光率和温湿度进行模拟分析比较可靠。

（4）温室生产与光伏发电有机结合：本文试验使用的光伏温室屋面光伏组件的覆盖率为 76.9%，发电的规模效益明显，种植的叶菜生产情况良好。初步测定了 10—11 月种植小白菜的产量：种植 35 d 后（注：种植周期上，4—9 月按 4 周、当年 10 月至次年 3 月按 5 周考虑）采收 2.27 kg/m²，按室内实际利用率 80% 考虑，亩产可达 1211 kg，高于本地区露地种植的平均水平 750～1000 kg[19]。结果初步表明热区光伏温室基本能够满足叶菜的正常生产。

虽然由于试验条件限制，未进行连续实测，但所测试的时间和天气情况均为本地区同时刻光照度较差的情况，如夏季测试时间段内的雷阵雨天气较多，冬季测试时伴有小雨，光照较弱。本文研究内容可为下一步改进设计方案和推广提供有利数据支撑。下一步还应结合模拟软件和实测数据优化结构，根据初试总结的问题和经验制定更加合理的环境参数测试采集方案，并扩大试种品种，系统地对种植蔬菜的生长周期、品质和产量等方面进行测试分析。

参考文献

[1] 周长吉. 周博士考察拾零（二十九）　不断创新的山东寿光日光温室（2）：太阳能光伏温室技术的开发与应用 [J]. 农业工程技术（温室园艺），2013（11）：40‐41.

[2] 周长吉. 周博士考察拾零（八十六）　一种采光面覆盖光伏组件的光伏日光温室及其性能 [J]. 农业工程技术，2018，38（31）：39‐47.

[3] 周长吉 . 周博士考察拾零（九十三） 光伏组件在温室大棚上的多样化布置形式：从山东省新泰市农光互补设施农业产业园谈起 [J]. 农业工程技术，2019，39（16）：36 - 41.

[4] 祁娟霞，曹丽华，李建设 . 宁夏不同光伏温室和大棚冬季内环境比较研究 [J]. 浙江农业学报，2017，29（3）：414 - 420.

[5] EZZAERI K，FATNASSI H，WIFAYA A，et al. Performance of photovoltaic canarian greenhouse：a comparison study between summer and winter seasons [J]. Solar Energy，2020，198：275 - 282.

[6] 董微，周增产，刘文玺，等 . 光伏温室室内外环境条件对比 [J]. 农业工程，2015，5（5）：44 - 48.

[7] HASSANIEN R H E，MING L，FANG Y. The integration of semi - transparent photovoltaics on greenhouse roof for energy and plant production [J]. Renewable Energy，2018，121：377 - 388.

[8] 范瑛琳 . 基于 Design Builder 的鲁南传统石砌民居室内热环境优化研究 [C] //中国城市科学研究会 . 2020 国际绿色建筑与建筑节能大会论文集 . 北京：中国城市出版社，2020：321 - 326.

[9] 宋涛 . DesignBuilder 与 Ecotect 的建筑热工模拟对比研究 [J]. 建筑工程技术与设计，2018（2）：531 - 532.

[10] BLANCO J M，BURUAGA A，ROJÍ E，et al. Energy assessment and optimization of perforated metal sheet double skin facades through Design Builder：a case study in Spain [J]. Energy and Buildings，2015，111：326 - 336.

[11] 王长安，汪国杰 . 海南省太阳能资源分布规律研究 [J]. 海南师范大学学报（自然科学版），2011，24（2）：168 - 173.

[12] 刘建 . 一种锯齿形连栋光伏农业种植大棚：ZL201320738494.4 [P]. 2015 - 01 - 14.

[13] 上海电力设计院有限公司，中国电力企业联合会 . 光伏发电站设计规范：GB 50797—2012 [S]. 北京：中国计划出版社，2012.

[14] 张雅 . 不同颜色防虫网大棚覆盖效应及对速生叶菜生长的影响 [J]. 上海蔬菜，2000（1）：32 - 34.

[15] 闫冬梅，徐开亮，张秋生，等 . 不同目数防虫网的风荷载试验研究 [J]. 农业工程技术，2020，40（16）：57 - 63.

[16] 赵雪，邹志荣，许红军，等 . 光伏日光温室夏季光环境及其对番茄生长的影响 [J]. 西北农林科技大学学报（自然科学版），2013，41（12）：93 - 99.

[17] 束胜，余炅桦，陶美奇，等 . 光伏温室对普通白菜生长、光合作用及品质的影响 [J]. 中国蔬菜，2017（4）：44 - 47.

[18] 张勇，邹志荣，鲍恩财，等 . 节能光伏日光温室整体透光率试验研究及 PAR 模拟 [J]. 农业工程技术，2017，37（22）：31 - 34.

[19] 李德明，蔡兴来，符坚 . 海南省几种主要野菜与常见叶菜比较 [J]. 黑龙江农业科学，2014（10）：168 - 169.

"农地种电"型光伏电站可种植区域光温环境参数研究

　　海南拥有丰富的太阳能资源，海南岛全岛年日照时数达到 1750～2550 h，光照率为 50%～60%，太阳年辐照量为 5100～6300 MJ/m²，热带季风海洋性气候带来的阵雨可经常清洗光伏电池板并为电池板降温，保证稳定的光伏发电效率，降低维护成本[1]，在海南发展太阳能光伏发电具有得天独厚的自然优势。但是光伏发电需要大量的土地资源，已成为海南发展光伏发电的制约因素。鉴于此，海南的部分光伏电站引入了"农地种电""一地两用"的建设方式，寻找将农业种植和光伏发电有机结合的方式。光伏和农业结合是近几年光伏发电领域的一个重要方向，各地均出现了以光伏发电和农业大棚结合的探索和实践[2-8]。赵雪等[9]研究了光伏日光温室夏季光环境及其对番茄生长的影响，结果显示光伏日光温室内的非晶硅电池组件有助于夏季降温，同时其室内光环境可满足番茄的生长。"农地种电"型光伏电站主要是提升光伏组件的安装高度，以此在光伏组件的下部获得农业种植可操作的空间，同时也能在一定程度上改善光伏组件下部的光环境参数，为农业种植提供可操作的可能。上部发电，下部种植，发电与种植均需要光照资源，寻找光照资源的合理分配方式，是实现发电和农业种植两不误的高效、立体土地利用模式的关键。目前该类型光伏电站在海南缺乏相关的实测研究，因此亟须研究相关的环境因子，检测光伏组件下部种植区域是否能够满足种植的基本要求。

　　本文通过对"农地种电"型光伏电站进行相关环境参数测试，分析其光温时空分布规律，为该类型光伏电站的农业种植规划提供理论基础，同时也为其他该类型光伏电站的建设或改进提供参考。

1　材料与方法

　　于 2013 年 7 月 20—25 日对位于海南省东方市（北纬 19°08′，东经 108°52′）某供试的"农地种电"型光伏电站进行了相关的实地测试，对"农地种电"型光伏电站光伏组件下部的光照度变化情况进行了连续观测。该光伏电站规划装机容量为 50 MWp，总占地面积约 2000 亩。光伏组件单排水平投影宽度为 3.8 m，间距为 1.35 m，光伏组件的倾角为 15°，下坡檐的净空高度为 2 m，上坡檐的净空高度为 2.9 m，支撑光伏组件的支架的高度与传统的光伏电站相比有所提高。试验选取整个电站东部已建成的区域进行测试，光伏电站尺寸参数及测试点布置如图 1 所示。在光伏组件正下方布置 a、b、c 三个点（150 cm 高度处），光伏组件间隔区域布置 d、e、f 三个点（150 cm 高度处）。每个测试点在垂直方向上，分别在 20 cm、50 cm、80 cm、110 cm 的 4 个高度上又布置测试点。光伏组件为南北布置、东西走向，a 测试点位于测试区域的南侧（S），f 测试点位于测试区域的北侧（N）。采用德国德图（Testo‐545）照度计每小时观测一次各测试点的光照度。测试点的间距为 900 mm 或 850 mm，根据预试验测试温度在这样的间距中无差值（仪器分辨率为 0.1 ℃）或仅为 0.1 ℃，考虑到仪器精度和较小差值对要研究内容无影响，本试验仅对光伏组件下面中部的 b 点与光伏组件间隔区域中部的 e 点不同高度处的温湿度进行了测试。采用日本 TANDD（TR‑51S）自动温湿度记录仪采集和记录测试点 b、e（50 cm 与 110 cm 高度处）的温湿度。选取被测试光伏组件旁 10 m 处无遮挡的空地，测试光伏组件以外的光照度和温湿度。测试时间段均为 8:00—18:00。

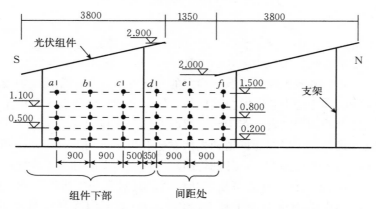

图 1　光伏电站测试点分布示意图（单位：标高 m，其他 mm）

2　结果与讨论

2.1　光照度

2.1.1　不同天气情况下各测试点光照度分布情况

根据试验期间空地处测得的光伏组件覆盖区域以外 10 h 累计平均光照度对天气情况进行分类，选取晴间多云（10 h 累计平均光照度 47995 lx）、阴间晴（10 h 累计平均光照度 39369 lx）、晴转阴（10 h 累计平均光照度 31915 lx）、阴间小雨（10 h 累计平均光照度 27212 lx）等 4 种天气情况对各测试点的 6 h 累计平均光照度进行分析（图 2）。a、b、c、f 点的 6 h 累计平均光照度受外界条件影响较小，a、b 点的 6 h 累计平均光照度在 5000 lx 左右，c、f 点的 6 h 累计平均光照度在 8000 lx 左右，a、b、c、f 点的 6 h 累计平均光照度均随高度的增加减少；室外光照度以及高度对 d、e 点的 6 h 累计平均光照度影响明显，除了阴间小雨天气，以及阴间晴天气条件下 20、50 cm 高度外，d、e 点的 6 h 累计平均光照度均能达到 20000 lx 以上。

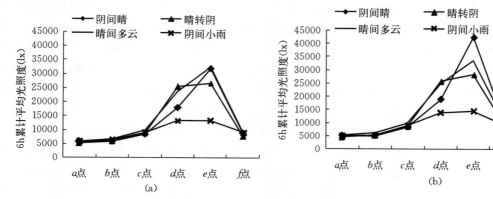

(a)　　　　　　　　　　(b)

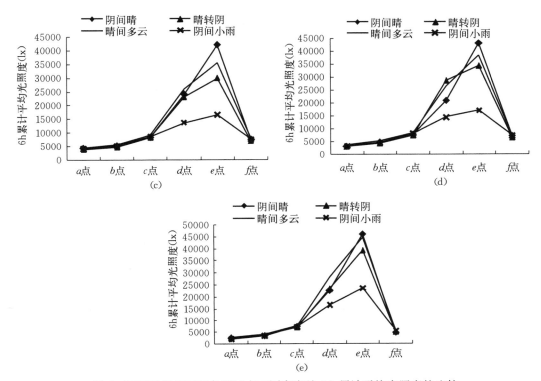

图 2　不同天气情况下各测试点不同高度处 6 h 累计平均光照度的比较

(a) 20 cm 高处　(b) 50 cm 高处　(c) 80 cm 高处　(d) 110 cm 高处　(e) 150 cm 高处

对不同天气条件下每个测试点不同测试高度测试值的平均值进行比较分析（表1）。测试点 d、e 的 6 h 累计平均光照度的平均值大于 20000 lx，分别达到 21677.37 lx 与 31730.88 lx，与室外 6 h 累计平均光照度相比，透过率分别达到 43.77% 与 64.08%。

表 1　不同天气情况下各点与室外 6 h 累计平均光照度的比较

6 h 累计平均光照度 (lx)	测试点						
	a	b	c	d	e	f	室外
阴间晴	4124.60	4860.89	8163.37	21008.06	41153.23	7504.31	57047.14
晴转阴	3910.86	4825.43	8104.00	25305.43	31737.71	6950.57	44654.29
晴间多云	4435.14	5594.29	9018.86	25930.86	36944.29	7932.00	60190.00
阴间小雨	4134.00	5068.00	8507.14	14465.14	17088.29	7787.71	36190.00
平均值	4151.15	5087.15	8448.34	21677.37	31730.88	7543.65	49520.36
透过率（%）	8.38	10.27	17.06	43.77	64.08	15.23	100.00

注：表中各天气条件下各点的 6 h 累计平均光照度是该点不同测试高度所测得值的平均值。

d、e 点的光照度能够满足大于光补偿点 4000 lx（6 h 累计平均光照度不小于 20000 lx）的采光设计标准[10]，保证日光温室强光型蔬菜生育全过程正常生长。a、b 点各高度的光照度均不能达到上述标准，仅适用于部分光饱和点较低的阴性（观叶类）花卉或药材等作物生产。c、f 点适用于阴性蔬菜（叶菜类）[11]等作物生产。

2.1.2 外界环境对光伏组件下部光照度的影响

从上述分析可以看出：在光伏组件下方，a 点的光照度最低，d 点的光照度最高，且 a 点光照度<b 点光照度<c 点光照度<d 点光照度。a、d 点能够反映光伏组件下部光照度在高度和水平方向上的变化趋势。

对典型位置 a 点和 d 点的 20 cm 处和 110 cm 处数据进行对比分析（图 3、图 4）。a 点不同高度处的光照度受天气情况的影响较小，在不同天气情况下光照度的数值相差不大，变化趋势相同。在不同天气情况下，a 点 20 cm 高处光照度大于 5000 lx 的时长为 4 h，a 点 110 cm 高处的光照度均小于 5000 lx，这种现象与该区域的光照度均来自散射光有关。d 点正上方无遮挡，以太阳直射光为主，光照度的变化与天气情况密切相关，且在 20 cm 与 110 cm 处光照度的变化不大。在测试的天气情况中，d 点各高度处光照度大于 20000 lx 的时长在 5 h 以上，光照度最高可以达到 70000 lx。

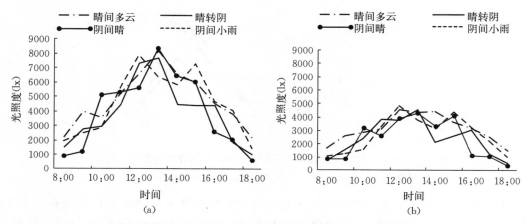

图 3　测试点 a 不同高度处在不同天气情况下光照度的比较

（a）20 cm 高处　（b）110 cm 高处

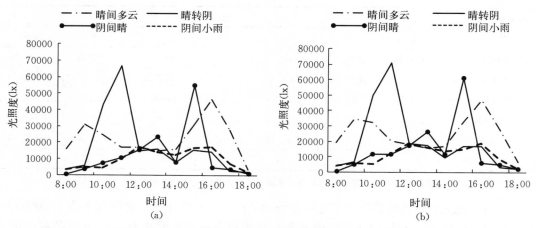

图 4　测试点 d 不同高度处在不同天气情况下光照度的比较

（a）20 cm 高处　（b）110 cm 高处

2.1.3 光伏组件下部光照度在垂直方向上变化的比较分析

分别选取测试点 a 与 d，在晴间多云和阴间小雨 2 种典型天气情况下，对比其在 20 cm、50 cm、80 cm、110 cm、150 cm 这 5 个不同高度处的光照度，分析光伏组件下部光照度在垂直方向上的变化规律（图 5、图 6）。

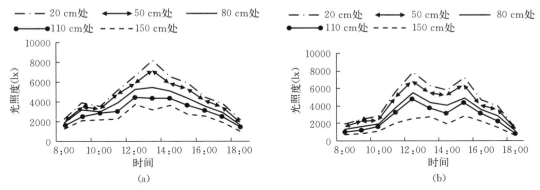

图 5　测试点 a 在不同天气情况下光照度的垂直方向变化比较

（a）晴间多云　（b）阴间小雨

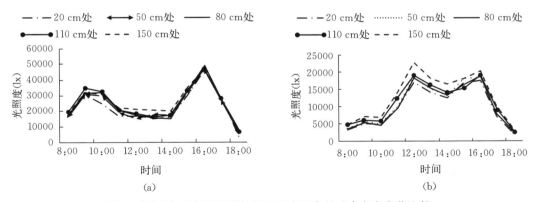

图 6　测试点 d 在不同天气情况下光照度的垂直方向变化比较

（a）晴间多云　（b）阴间小雨

2 个测试点在 2 种天气情况下的光照度均分别表现出相同的变化规律。在 a 点，高度越高，光照度越弱，且出现 3 组典型的层次关系，即 20 cm 和 50 cm 处的光照度差别不大，可划分成第一组，80 cm、110 cm 可划分为第二组，150 cm 处可划分为第三组。第一组的光照度明显优于第二组，第三组的光照度最弱。按此规律，在此类型的光伏电站下部进行农业种植，以选择冠幅在 50 cm 以内的作物为主，保证作物有相对强的光照。在 d 点，由于处在垂直上方无遮挡的状态，其垂直方向上的光照度变化不明显，但受间隔两边的光伏组件影响，出现与 a 点恰好相反的变化规律，即高度越高，光照度越强。

2.1.4 光伏组件下部光照度在水平方向上变化的比较分析

对比各测试点 20 cm 与 110 cm 高度处在晴间多云和阴间小雨 2 种典型天气情况下从南到北（$a \rightarrow b \rightarrow c \rightarrow d \rightarrow e \rightarrow f$，图 1）的光照度，分析光伏组件下部光照度在水平方向上的变化规律（图 7）。在晴间多云、阴间小雨 2 种典型天气情况下，光照度在水平方向上分布不均匀：d、e 处光照度最高，a、b 处光照度最低，f、c 处的光照度略高于 a、b 处。

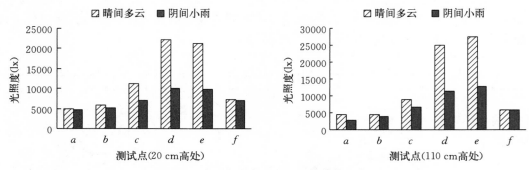

图 7　光照度在水平方向上的变化比较

2.2　温湿度

通过对各天气情况下 b 处、e 处和露地的平均温湿度进行分析（表 2），光伏组件下部（b）的温度低于光伏阵列之间（e）的温度，露地温度最高，三者之间的最大差值为 2.4 ℃，其降温效果与温室外遮阳的降温效果类似[12]。这是由于该类型的光伏发电站仅顶部采用了光伏组件覆盖，光伏组件的遮阴在一定程度上降低了光伏组件下部的温度，而四周通透又使得气流流动性好，相互之间的温差就较小。

表 2　不同天气情况下平均温湿度的比较

天气	温度（℃）			相对湿度（%）		
	b 点	e 点	露地	b 点	e 点	露地
阴间晴	30.3	31.5	32.3	61	60	60
晴转阴	32.7	33.1	34.4	60	57	47
晴间多云	33.8	34.4	34.9	56	53	47
阴间小雨	32.1	33.8	34.5	59	57	57

顶部的光伏组件的覆盖对相对湿度也有一定的影响。光伏组件下部的相对湿度高于露地的相对湿度。阴雨天时由于温度低、雨水多，光伏组件局部与露地的相对湿度相差较小。

3　结论与建议

3.1　结论

6 个测试点（a、b、c、d、e、f）的光照度变化较大，反映出光伏组件下部光照分布极不均匀。从各点光照度的平均值来看，d、e 点的光照度最大，c、f 点次之，a、b 点的光照度最小。a、b、c、f 四点的光照度随高度的增加而减少，光照度表现出与光伏组件高度的负相关性；d、e 点的光照度随高度的增加而增加。

在外界光照度为 15000～80000 lx 的情况下，a、b 点仅能保证 6 h 累计平均光照度大于 4000 lx，c、f 点能保证 6 h 累计平均光照度大于 7500 lx，这些测试点区域的光照度与作物的光饱和点相差较大，仅能种植阴性蔬菜、花卉或药材；d、e 点 6 h 累计平均光照度大于 21000 lx，能够保证强光型蔬菜的生长。

光伏组件的遮阴具有一定的降温作用，对夏季种植有利。

3.2　建议

光伏组件下部可种植区域范围内的光照分布不均匀，光伏组件下檐口至中部的范围内为弱光照区。结合光照在垂直方向上的分布规律，增加支架的高度可有效提高弱光照区的光照度。

增加光伏组件的高度、光伏组件不连续安装的方式与提高光照度和光照均匀度的关系值得进一步研究。

参考文献

［1］刘明贵．海南发展太阳能光伏发电正逢其时［N］.海南日报，2012－07－10（A6）.

［2］周强．光伏太阳能玻璃温室［J］.上海电力，2005，6：655.

［3］宁夏光伏温室种蔬菜会发电［J］.长江蔬菜，2011（17）：48.

［4］甘肃嘉峪关建成国内首座示范性光伏温室［J］.农业工程技术（温室园艺），2012，5：87.

［5］辽宁阜新借力太阳能光伏大棚发展食用菌［J］.农业工程技术（温室园艺），2012，8：91.

［6］王丽娟，汪树升．宁夏地区光伏发电温室的设计与建造［J］.太阳能，2013，1：56－59.

［7］魏晓明，周长吉，丁小明，等．光伏发电温室的现状及技术前景研究［C］//中国农业工程学会（CSAE）.中国农业工程学会2011年学术年会论文集．［出版地不详］：［出版者不详］，2011：6.

［8］刘辉，沈国正，傅巧娟，等．杭州市薄膜光伏太阳能大棚应用现状及发展对策［J］.浙江农业科学，2012，6：782－787.

［9］赵雪，邹志荣，许红军，等．光伏日光温室夏季光环境及其对番茄生长的影响［J］.西北农林科技大学学报（自然科学版），2013，12：93－99.

［10］周长吉，王洪礼．日光温室的采光设计［J］.石河子农学院学报，1996，3：14－20.

［11］邹志荣，邵孝侯．设施农业环境工程学［M］.北京：中国农业出版社，2008：25－27.

［12］刘丹．LWSG－8－3.0型连栋温室设计与试验研究［D］.南昌：江西农业大学，2011：32－34.

两种可用于光伏温室的双玻光伏
组件透光性能分析

光伏温室是采用光伏电池组件作为屋面覆盖材料，部分替代传统的覆盖材料（薄膜、PC 板、玻璃等），实现温室作物生产与光伏发电的有机结合，在我国已吸引了越来越多的实践与研究[1-6]。但光伏组件的遮阴势必降低温室内的光照度，改变温室的光照分布特点。特别是在不同天气状况下，太阳的辐射强度变化较大，太阳光进入温室内部后，除直射光外，散射光的强度对温室内的光照度也有一定影响，确定光伏组件合适的透光率，对光伏温室的效益平衡和农业种植影响均较大。本试验尝试对光伏组件（2 种规格）覆盖下温室内的光照度进行测试，并对测得数据进行统计分析，以期为后续的光伏温室设计与作物栽培提供参考。

1　材料与仪器

1.1　光伏组件

试验测试光伏组件为双玻光伏组件。双玻光伏组件相比全遮光光伏组件具有透光更加均匀的优点。全遮光光伏组件覆盖时一般需考虑光伏组件和温室透光覆盖材料的排布及比例，从而整体上满足温室采光要求；而双玻光伏组件可独立地满足局部范围内的采光，在光照分布均匀性上具有更大的优势。

试验所采用的双玻光伏组件，是由海南英利新能源有限公司生产。实测外形尺寸为 1685 mm×985 mm，为三层复合式结构，上下两层为钢化玻璃，中间夹层为电池片，单个电池片的尺寸为 156 mm×156 mm。电池片阵列排布，组成不同规格的光伏组件。其中，4×9 组件即为 9 行、4 列，共计 36 个电池片，透光部分的面积比例为 47.2%；6×9 组件即为 9 行、6 列，共计 54 个电池片，透光部分的面积比例为 20.8%。

1.2　试验仪器

测量仪器为上海生产的便携式光照度测定仪，量程为 0～100000 lx，精度为 3%，分辨率为 1 lx。

2　试验方法

测试不同天气状况下的棚内不同位置的光照度与外界光照度。选取 8:00—18:00 的整点时间（共 11 个时间点）测量并记录试验数据。

2.1　温室模型

本试验测试位于海口的海南英利新能源有限公司厂区。海口年平均气温为 24.4 ℃，年平均日照时数在 2000 h 以上，年总辐射量为 5177 MJ/m²。试验日期是 2013 年 9 月的 16、17、18、21 日，平均日出时间为 6:26，平均日落时间为 18:40，平均日照时长为 12 h 14 min。

双玻光伏组件用于光伏温室覆盖，对温室内部光照度、光照均匀度均有较大影响，可利用的经验和数据较少。为了初步了解双玻光伏组件用于光伏温室的可行性，同时为下一步的光伏温室结构形式和屋面覆盖设计提供参考数据，避免不必要的浪费和降低试验成本，本文采用了简易的模型温室进行试验。试验温室为3.55 m（开间）×3.0 m（进深）的双坡屋面温室，如图1所示。温室檐高2.0 m，脊高2.3 m，屋面角为9.55°。温室沿东西走向，双坡屋面分别覆盖6×9和4×9两种规格的光伏组件，其中西侧覆盖6×9规格，东侧覆盖4×9规格。温室模型立面覆盖薄膜，其中16日与17日覆盖全遮光型的黑膜、18日与21日覆盖透明塑料薄膜。

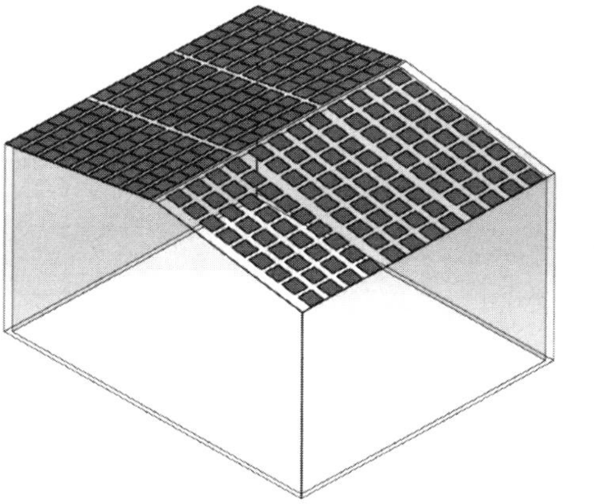

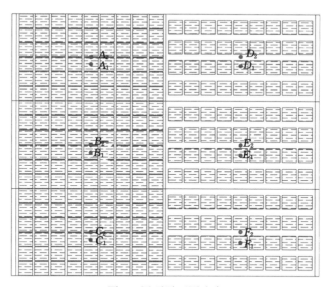

图1　试验温室三维模型

2.2　屋面测试点

双玻光伏组件整体透光均匀，但局部透光性能仍存在透光部位和遮阴部位的偏差。测试光伏组件的透光性能，需要同时测试透光部位（电池片间隙）和遮阴部位（电池片）。

如图2所示，试验时取双坡屋面上分布均匀的6个点A_1、B_1、C_1、D_1、E_1、F_1为遮阴部位测试点，在各点的同侧相同距离处取另一组A_2、B_2、C_2、D_2、E_2、F_2为透光部位测试点。温室模型立面为黑膜覆盖时，测试点的高度为2 m；温室模型立面为透明塑料薄膜覆盖时，测试点的高度取离地0.2 m、0.7 m、1.3 m三个测试高度。

图2　屋顶平面图取点

3　试验记录与数据分析

3.1　光伏组件透光性能对比

在温室立面覆盖黑膜，仅屋面光伏组件透光的情况下，每隔1 h（8:00—18:00，每日采集11组数据）测试室外及室内光伏组件下的光照度，测试仪器离地2 m高。将6×9组件透光部位（A_2、B_2、C_2）采集到的 3 组数据和遮阴部位（A_1、B_1、C_1）采集到的 3 组数据分别取平均值，同时将 4×9 组件透光部位（D_2、E_2、F_2）采集到的 3 组数据和遮阴部位（D_1、E_1、F_1）采集到的 3 组数据分别取平均值，得到两种规格的光伏组件覆盖时在不同时刻下室内外光照度的分布情况，如图 3、图 4 所示。

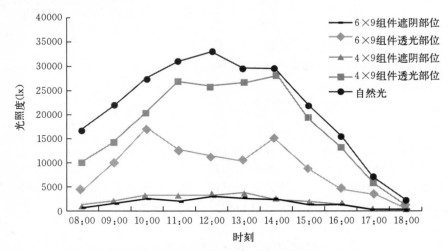

图 3　多云天气条件下温室模型内光照度变化

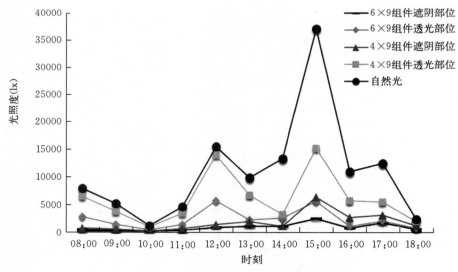

图 4　阵雨天气条件下温室模型内光照度变化

9 月 16 日为多云天气，正午室外最大光照度小于 35000 lx。9 月 17 日为阵雨天气，一天内不同时刻的光照度变化幅度大，日最大光照度小于 40000 lx。在两种不同天气状况下，室内光照度变化趋势与外界基本一致。

如图 3、图 4 所示，4×9 组件下的光照度明显优于 6×9 组件。从透光部位光照度数据来看，4×9 组件下的光照度明显优于 6×9 组件；从遮阴部位光照度数据来看，两种组件下的光照度相差不大。

将2组试验数据平均，并结合光伏组件本身的透光率，得出在测试的多云与阵雨天气条件下，4×9组件的平均透光率为19.35%，6×9组件的平均透光率为6.03%。

3.2　模拟温室生产透光性能测试

日常生产条件下，温室立面均覆盖透明塑料薄膜，为使本文模拟温室光照度试验数据更具现实参考意义，接下来两日的试验将温室立面黑膜撤去，换上透明塑料薄膜，分别测试离地0.2 m、0.7 m、1.3 m处的光照度变化。

由于测试点距屋面距离较远，且温室四周存在散射光等，同一高度下，同一组件遮阴部位和透光部位测得的光照度数据无明显差别。处理数据时，将同一组件遮阴部位和透光部位测得的光照度数据取平均值，对比分析不同组件离地不同高度处的光照度差异，如图5、图6所示。

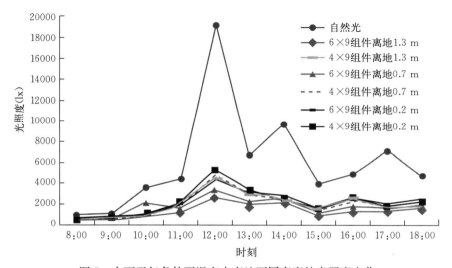

图5　大雨天气条件下温室内离地不同高度处光照度变化

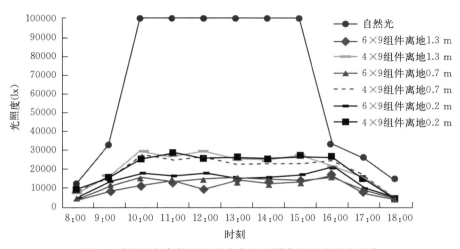

图6　晴朗天气条件下温室内离地不同高度处光照度变化

9月18日为典型的大雨天气，在温室立面覆盖透明塑料薄膜的情况下，正午最大光照度小于20000 lx，室内光照度小于6000 lx。4×9组件下的光照度稍高于6×9组件，但透光率优势表现不明显。受温室立面透光影响，同一光伏组件，0.2～1.3 m范围内，离地越高，光照度越低。

9月21日为典型的晴朗天气，在温室立面覆盖透明塑料薄膜的情况下，10:00—15:00光照度大于等于100000 lx（大于100000 lx即超出仪器量程），4×9组件下的光照度在24000～30000 lx，6×9组件下的光照度在10000～18000 lx。可以看出，4×9组件下的光照度远高于6×9组件，光照度的最大差值约为20000 lx。

4　试验结论

现场试验未测得晴朗天气下的透光率，使得结果缺少了较大的部分，结合16、17日测得的透光率数据，预估4×9组件的光照度可达20000～25000 lx，此光照度能够满足大部分非喜阳作物的需求。即使在阴雨天，光照度基本处于5000～15000 lx，能够满足基本生产要求。

6×9组件的光照度在晴朗天气下依然小于20000 lx，其他天气情况下多在2000～3000 lx，对多数作物生长不利，只能满足部分喜阴作物（如叶菜）的生长，但会影响产量和品质，因此不建议采用，或采用时应考虑额外增加透光区域，以增加温室的透光量。

综上所述，4×9规格的光伏组件可作为以海南为代表的热区光伏温室屋面覆盖，但仍需结合相关的工程设计措施，并建设小面积的试验温室，测试得到更加准确的数据，为大面积推广提供可靠的保证。

参考文献

[1] 周强. 光伏太阳能玻璃温室 [J]. 上海电力，2005，6：655.

[2] 宁夏光伏温室种蔬菜会发电 [J]. 长江蔬菜，2011，17：48.

[3] 甘肃嘉峪关建成国内首座示范性光伏温室 [J]. 农业工程技术（温室园艺），2012，5：87.

[4] 辽宁阜新借力太阳能光伏大棚发展食用菌 [J]. 农业工程技术（温室园艺），2012，8：91.

[5] 王丽娟，汪树升. 宁夏地区光伏发电温室的设计与建造 [J]. 太阳能，2013，1：56-59.

[6] 魏晓明，周长吉，丁小明，等. 光伏发电温室的现状及技术前景研究 [C] // 中国农业工程学会（CSAE）. 中国农业工程学会2011年学术年会论文集. [出版地不详]：[出版者不详]，2011：6.

第三部分 ■■■
热区温室大棚抗台风理论与实践

　　热区设施生产需克服夏季高温、多台风暴雨的不利气象因素，满足通风防雨、防台风、防病虫害、适宜耕作等基础生产条件。我国热区大部分处于沿海地区，每年均会受到多次台风影响，且温室大棚主要为薄膜覆盖的轻钢结构，自重小，对风荷载的作用非常敏感，因此，抗台风是热区温室大棚要重点解决的问题之一。温室大棚的抗风性能直接决定其使用寿命，是决定投资成败的关键因素，在方案选型及设计阶段就应引起重视，且应把台风防御贯穿于温室大棚的整个使用阶段。

　　本书第三部分主要介绍作者在产学研过程中积累的热区温室大棚抗台风理论研究与实践经验。内容包括热区沿海设施大棚防台风措施及灾后修复方案、海南温室大棚结构设计基本风压取值的研究、台风"莎莉嘉"对海南设施农业的影响与建议、热区温室大棚塑料薄膜耐候性分析初探等。以上经验与理论成果可服务于温室设计、使用及灾后处理等各个阶段。

热区沿海设施大棚防台风措施及灾后修复方案

　　热区沿海设施大棚以拱棚、荫棚网室、防雨棚、圆拱型薄膜温室等类型为主。在热区沿海地区，夏秋季节台风暴雨等农业气象灾害频发，但热区沿海设施大棚大多建设档次低，加之管理不到位，抵御台风等自然灾害的能力较差。如海南三亚的设施大棚在近几年的台风灾害中普遍存在骨架变形损坏、覆盖薄膜撕裂、基础被拔出或基础与立柱连接处因发生锈蚀而出现断裂的破坏现象，甚至出现整体倒塌的个案[1-3]。随着现代农业的进一步发展，设施农业在海南等热区沿海地区的使用面积日益增加。热区设施大棚使用功能以防雨、防虫与遮阳降温为主。在热区沿海建造设施大棚时多从上述使用功能出发。为了降低建造成本，往往对设施大棚结构抗风性能方面的设计存在侥幸心理，考虑不周。同时也由于缺乏针对热区沿海气候条件下简易设施抗风措施的研究，大棚建设者也很难对所建设的设施大棚做出准确评估，一些不负责任的施工企业也会随意夸大所建造设施大棚的抗风性能。在上述因素的综合影响下，热区沿海的简易设施大棚在台风来临之时往往"不堪一击"，在损失设施大棚的同时，种植于设施内的农作物也不能幸免。

　　综上所述，除应加强设施大棚结构抗风的基础研究和管理之外，如何针对现有设施，寻找简易有效、建设成本低、施工简便、适合在台风预警的 1～3 d 内采取加固处理的防台风措施，以及在台风过后，如何合理修复损坏的设施大棚是当务之急。为此，本文将从这个角度出发，提出一些行之有效的措施方案，以期为热区沿海设施大棚的防风救灾提供参考。

1　设施大棚结构破坏的主要形式

1.1　构件材料强度设计不足

　　简易设施大棚建设多数没有通过专业设计计算，或者部分设计只是根据主观经验进行，导致大量设施大棚的材料强度设计不足，甚至在自重或较小的风荷载作用下就会发生变形，更不用说抵御台风了。当然，出现这种情况也与行业发展不健全，从事设施大棚设计研究的专业人员较少，监督更无法满足专业性要求有一定关系。针对这样的现状，建设者要逐步意识到设计的重要性，不要为了节省少量的设计咨询费而造成更大的损失。同时也可以进行自查。自查主要可从两个方面进行：一是材料的外形尺寸；二是材料的壁厚。材料的外形尺寸是比较容易理解和注意的，但材料的壁厚往往容易被忽视。在与大量设施大棚建设者交流的过程中发现，他们往往比较注意用"多大"的管，认为管径越大，强度自然就越高。这里忽视了材料的壁厚，理解显然是不全面的。针对这样的情况，这里对部分常用材料的质量和截面抵抗矩做了一个简要对比，如表 1 所示，可以发现壁厚对材料质量和抵抗矩的影响还是比较大的。所以在建设过程中如果采用壁薄的材料，就会导致材料的强度性能同比降低，当然材料的用量（指质量，钢材价格按质量计）也会减少。建设者此时心中还暗自得意："又采用了较大的管，成本反而还降低了。"当自然灾害来临，设施大棚发生损坏之时，就会得出一个结论：再大的管也没用，一样被台风吹倒。在设施大棚建设投资中形成这种思维定式，便不愿意去追求设施大棚抗风性能方面的改变。因此无论是建设者、管理者还是设计者，都应充分认识到这一点，以便做出正确的抉择与设计。

表 1   不同外形尺寸与壁厚的材料的质量和截面抵抗矩举例比较

外形尺寸	壁厚（mm）	质量（kg/m）	截面抵抗矩（mm³）	备注
圆管 ϕ25 mm	1.5	0.86	614.06	
	2.0	1.13	770.26	
圆管 ϕ32 mm	1.5	1.12	1047.08	
	2.0	1.47	1331.25	
方管 60 mm×40 mm	1.5	2.27	4966.28/3969.91	长轴/短轴
	2.0	3.00	6438.40/5113.60	长轴/短轴
方管 80 mm×60 mm	1.5	3.21	9786.71/8389.28	长轴/短轴
	2.0	4.24	12786.13/10925.51	长轴/短轴

注：截面抵抗矩大小反映材料抵抗弯曲变形的能力。

1.2   节点强度不足

如果说构件材料强度对设施大棚结构强度影响较大是显而易见、容易直观理解的话，那么设施大棚节点强度不足就具有一定隐蔽性，不易引起重视。从热区沿海大量已建成的设施大棚在使用中破坏的实例来看，节点处的破坏已成为破坏的主要形式。这与目前部分施工企业（队伍）"弱节点"的施工理念有关。一般而言，材料的外形尺寸比较直观，不容易"偷工减料"。节点虽小，但其加工复杂，安装费时费工，成本高。因此施工时在节点处就尽量简化，以达到方便施工、节约成本的目的。结果是节点处连接板的厚度薄；截面尺寸小于杆件的截面尺寸；螺栓等数量少、截面小。一旦遇上灾害天气，这部分节点由于其强度远低于杆件的强度，就首先发生破坏，导致设施大棚整体倒塌。如支撑纵向系杆、柱脚、天沟等处的节点发生破坏，主要表现为连接螺栓小或强度低，焊接部分采用点焊或捆扎等方式，或者焊接后没有做好后期维护而发生严重锈蚀（图 1），导致局部强度低等。因此在设计或施工过程中应本着"节点应强于构件"的原则，这样就能保证节点不先于构件发生破坏，防止构件不能充分发挥其作用。

图 1   节点锈蚀破坏

1.3　设计不合理，整体结构是几何可变体系

一个构件体系只有是几何不变体系时才能作为结构使用。在设施大棚设计建造中，最容易忽略这个问题。很多设施大棚在设计建造时不求甚解，依葫芦画瓢，没有对整个结构体系做几何组成分析，使得整个体系是一个几何可变体系。要防止这种状况的出现，除了在设计时对结构几何组成进行严格分析，最有效且直观的方法是重视支撑体系的设置。设施大棚主要的支撑体系有柱间支撑、墙面支撑、墙面水平支撑、屋面支撑等（图2）。

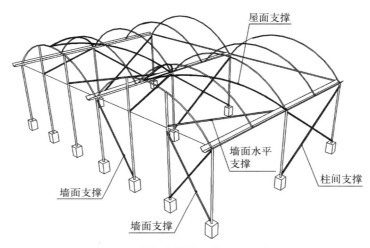

图2　设施大棚支撑体系布置的几种形式

1.4　膜、网破坏

薄膜、防虫网、遮阳网的破坏是设施大棚在台风中最为常见的破坏内容。主要有以下几个原因。

（1）超过使用年限，没有及时更换，材料老化。

（2）没有增加压膜线，或固定不到位，在风吸力的作用下膜、网等材料与骨架结构发生大幅度拍打而造成破坏。

（3）在卡槽连接处由于局部温度过高，膜、网材料的局部老化严重，加之卡槽位置在风的作用下为主要受力点，沿卡槽处破坏几乎成为热区沿海设施大棚膜、网破坏的主要形式。此时材料的大部分还处于较好的使用状态，而仅局部破坏就不得不重新更换膜、网等材料，材料和人工浪费极为严重。

2　设施大棚抗风机理

2.1　抗风等级的认识

设施大棚的风荷载大小常用能抵御的风力等级来描述。在设计计算中是以单位面积上风作用力的大小来描述风对结构的作用。很多人由于没有准确认识到风荷载与风力等级之间的关系，对设施大棚抵御台风的能力认识不清，在台风来临之前没有采取相关抗台风措施而使得损失扩大。甚至出现很多在设计图纸上盲目标注抗风等级的情况。如在图纸上标注的风荷载只相当于8级风，而在向业主汇报时却成了10级风，造成业主认为真正按10级风设计的图纸造价过高而放弃采用。更有甚者，直接在图纸上随意标注风荷载大小。因

此必须对风荷载与风力等级之间的关系有一个比较清楚的认识，才能避免上述情况的发生（表2）。同时相关部门也要加强监督，对不负责任的设计或施工应严格追责。

表2 风压与风速、风力等级之间的关系

风压（kN/m²）	风速（m/s）	风力等级	风的名称
0.20	17.89	8	大风
0.25	20.00	8	大风
0.30	21.91	9	烈风
0.35	23.66	9	烈风
0.40	25.30	10	狂风
0.45	26.83	10	狂风
0.50	28.28	10	狂风
0.55	29.66	11	暴风
0.60	30.98	11	暴风
0.65	32.25	11	暴风
0.70	33.47	12	飓风
0.75	34.64	12	飓风
0.80	35.78	12	飓风

注：风压风速换算公式为 $W = I^2 v^2 / 1600$。I 为结构重要性系数，这里取为1；v 为风速（m/s）；W 为风压（kN/m²）。

2.2 不同表面的破坏方式

2.2.1 设施大棚的墙面

设施大棚在墙面上主要依靠四周的立柱承担风荷载。因此重点加强设施大棚四周的抗风性能对设施大棚整体的抗风性能作用较大。在设计和施工的过程中应有意识地进行"材料分区设计"，实现以较少成本较大幅度地提升设施大棚的抗风能力。保证墙面的抗风性能，可降低设施大棚在台风作用下发生整体倾倒的可能性。

2.2.2 设施大棚的屋顶面

由风荷载体型系数可知，屋顶面大部主要承担向外的吸力作用[4]。可从两个方面来分析理解设施大棚屋顶面的"风吸作用"。

（1）在风荷载的作用下，覆盖的膜、网与结构构件分开，膜、网完全依靠卡簧将其固定在卡槽的内部。此时易发生的破坏形式有3种：①膜、网拉坏卡槽而导致其脱落；②膜、网因局部老化而在卡槽处发生局部破坏；③没有设置压膜线或压膜线固定较差，导致膜、网反复拍打结构构件而发生破坏。

（2）由于热区沿海设施大棚墙面多采用防虫网覆盖以方便通风，这使得屋顶面向外的"风吸作用"变得更大，在膜、网不发生破坏的前提下，必将使得设施大棚钢结构承担斜向上的拉力，对结构的整体稳定性影响较大，尤其是立柱。

2.3 基础上拔破坏

如前所述，由于屋顶面承担"风吸作用"，向上的力最终传递到基础，使得基础有被拔出的危险。而在热区沿海的设施大棚，特别是大面积的生产性设施大棚，由于造价、施工等各方面原因，基础在设计或施工过程中都较小且埋深浅，甚至呈倒锥形（图 3）。为了更加直观地理解基础尺寸、埋深与风荷载、设施大棚结构几何尺寸之间的关系，表 3 给出了热区沿海常见设施大棚在不同基础形式、结构几何尺寸、风荷载条件下基础的建议尺寸，图 4 为表 3 中采用的 2 种基础的尺寸示意图。

图 3　被拔出的立柱基础（埋深浅，呈倒锥形）

表 3　在不同基础形式、结构几何尺寸、风荷载条件下基础的建议尺寸

基础类型	结构几何尺寸（m×m） 跨度×开间	屋拱矢跨比 f/l	风荷载 （kN/m²）	最小基础尺寸（m×m） d（或 a）×$(h+b)$
圆柱	4.0×2.0	0.375	0.20	0.30×0.50
			0.45	0.45×0.70
	6.0×4.0	0.300	0.20	0.50×0.65
			0.45	0.60×1.00
	8.0×4.0	0.275	0.20	0.50×0.80
			0.45	0.65×1.10
矩形柱	4.0×2.0	0.375	0.20	0.30×0.50
			0.45	0.40×0.70
	6.0×4.0	0.300	0.20	0.45×0.60
			0.45	0.50×1.00
	8.0×4.0	0.275	0.20	0.50×0.70
			0.45	0.60×1.00

注：①根据热区沿海多数生产性设施大棚的特点，基础类型简化为圆柱和矩形柱的结构形式，具有施工简便、符合该地区现状和适合大面积建设施工的特点。②土壤类型为沙壤土；大棚四周为防虫网或部分防虫网，顶部为薄膜覆盖，即四周可简化为开敞式结构类型；$b=0.1$ m。③本表数值仅供对比参考，具体尺寸应根据所建设施大棚的具体条件进行计算设计。

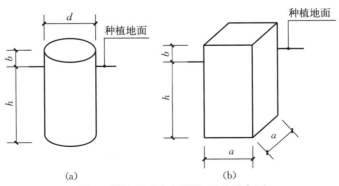

图 4　圆柱基础与矩形柱基础示意图

（a）圆柱基础　（b）矩形柱基础

3 各类设施大棚的防台风措施与修复方案

目前热区沿海的设施大棚以拱棚、荫棚网室、防雨棚、圆拱型薄膜温室等类型为主。

不同类型的设施大棚其破坏形式和内容是不一样的，其可修复性和修复方案也有所区别。根据对台风破坏后设施大棚的调查分析，部分设施大棚的破坏原因为结构设计不合理，甚至是材料使用严重不达标（截面尺寸小、壁薄）。对于结构可用、材料基本达标的受损设施大棚可进行修复，而材料不达标的设施大棚则不能也无法进行修复。由此也可看出规范设施大棚设计、建造市场已迫在眉睫。

3.1 单栋拱棚的防台风措施与修复方案

单栋拱棚的主要破坏形式为棚膜和骨架破坏。

（1）棚膜破坏：由于拱顶上的棚膜仅靠几道卡槽固定，老化速度快。台风来临时棚膜极易破坏，台风灌进大棚，导致全部棚膜被掀，卡槽也严重受损。一般情况下，卡簧从卡槽被拔出后，卡槽受到一定程度的破坏，不能再继续使用，需要对原卡槽进行清理并重新布置，并按相应的种植要求覆盖薄膜。修复费用主要为卡槽、卡簧及薄膜的材料费、人工费，以及辅助五金等费用。

（2）骨架破坏：单栋拱棚的骨架破坏主要有以下两种形式。

① 由于缺少纵向支撑杆或支撑杆连接不牢固，在大棚端面受风荷载时发生纵向整体性倾覆（图5）。要抵御这种破坏，则需加强纵向支撑、纵向系杆、端面抗风柱的强度和连接可靠性（图6）。对于这种破坏，骨架基本没有发生变形，只需将骨架清理后重新安装并加强上述支撑体系。修复费用主要为人工、支撑杆、卡槽、卡簧、薄膜及辅助五金等费用。纵向支撑杆在大棚端面的四角布置，如果大棚整体长度超过 40 m，建议在中部增加一组纵向支撑杆，以此类推。

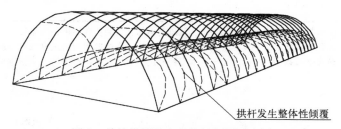

图 5 单栋拱棚纵向整体性倾覆示意图

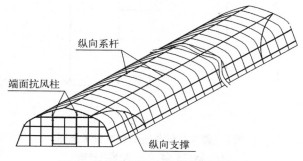

图 6 单栋拱棚纵向支撑体系示意图

② 沿大棚的侧向发生变形破坏，如图 7 所示。在这种破坏下，拱棚的主要构件——拱杆发生了变形，可修复性差，建议以防护为主。可间距 3～5 m 布置一加强横杆，在台风来临之前增加临时加固杆（建造时预留接口），以抵抗拱杆的侧向变形（图 8）。

图 7　单栋拱棚侧向破坏示意图

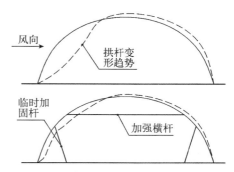

图 8　单栋拱棚侧向加固示意图

3.2　连栋拱棚（荫棚）的防台风措施与修复方案

连栋拱棚四周一般采用防虫网覆盖，顶部为塑料薄膜覆盖（荫棚为平屋顶，全部为遮阳网覆盖），在风的作用下，由于立面为网状覆盖物，风进入大棚内部，对顶部的棚膜表现为"上吸"。在这种情况下，薄膜极易破坏，或发生立柱折弯、基础被拔出的破坏形式。因此对于这种形式的大棚，在修复建设过程中要特别注意支撑体系布置与横梁、纵梁的配合，这也是增加这种大棚抗风性能的关键。同时应严格按照计算进行基础设计，防止基础被拔出而产生整体性倾覆。如有可能，还应增加可拆卸的斜拉索，如图 9 所示。斜拉索在平时可收起来，置于干燥环境中储存，防止锈蚀，在台风预警之时再安装上去，可反复使用且不妨碍四周空间的使用，是一种有效且经济适用的防台风措施。

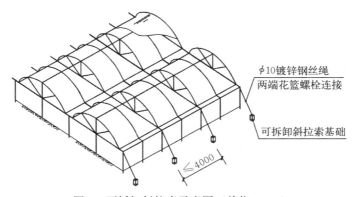

图 9　可拆卸斜拉索示意图（单位：mm）

3.3　圆拱型薄膜温室的防台风措施与修复方案

圆拱型薄膜温室一般情况下具备抵御一定风荷载的能力，但其骨架一旦发生破坏，则修复的可能性比较小。该类型设施大棚常见的破坏情况为外遮阳网或遮阳系统的破坏。

目前常用外遮阳系统有齿轮齿条系统和钢索系统。齿轮齿条系统传动稳定可靠。这种系统的外遮阳在台风作用下一般是遮阳网破坏，而系统由于具有一定的刚度，简单修复即可。钢索系统采用了柔性的钢丝绳作为驱动材料。钢丝绳在沿海潮湿多盐的气候条件下易发生锈蚀，且易随风摆动而发生破坏。所以钢索系统一般是遮阳网和系统一起破坏，在热区沿海的适用性较差。虽然钢索系统有易锈蚀、不稳定、容易破坏的缺点，但由于造价相对较低，在热区沿海地区也有部分采用。

对于外遮阳系统的修复，首先应清理坏掉的遮阳网，接着检查驱动系统是否发生了损坏，驱动系统各部分是否有脱落或是否有其他脱落组件阻碍驱动系统运行，开机密切观察运行是否正常，在确认驱动系统没有问题的情况下，可重新铺设遮阳网。如托、压幕线使用年限较长，有损坏或间距较大，还需更换托、压幕线。托幕线的间距宜小于0.4 m，压幕线的间距宜小于0.8 m。

4 灾前、灾后管理措施

设施大棚一般为轻钢结构，要完全依靠大棚结构来抵御台风，则其骨架钢材的用量会超出农业建设所能承受的范围，采取经济合理的多种措施共同来抵御台风对设施大棚造成的损坏显得尤为重要。因此，应在理解台风对设施大棚的破坏机理的基础之上，正确选用上述防台风措施和修复方案，以预防为主，同时还可根据使用的实际情况采取一些临时管理措施。

4.1 揭膜

所谓"揭膜"，就是在台风来临之前收起、卷起或剪开棚膜，可保证大棚骨架的安全。采取这种措施的前提是气象部门对台风强度和影响范围的准确预报。当然，如果考虑到棚内种植的作物，则将是很难的抉择，需要管理者权衡利弊。

4.2 临时加固

如不具备揭膜条件，而台风的等级已超过大棚的抗风等级，则可考虑采取临时加固措施。如在大棚四周增加斜拉撑。斜拉撑间距宜小于4 m，采用镀锌钢丝绳（或铁丝）+地锚的方式固定（图10）；屋顶薄膜增设压膜线，间距小于2 m；对基础增加临时负重，如沙袋、地锚等。

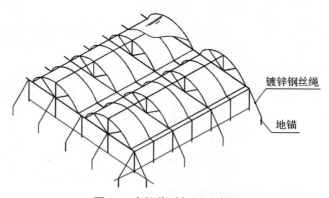

图10 大棚临时加固示意图

4.3 实行避灾栽培

热区沿海地区8—10月易遭受台风袭击，在部分作物的茬口安排上可考虑避灾栽培措施，避免不必要的损失。通过2~3个月的掀膜措施，种植露地作物或直接休耕，既可避开台风危害，也有利于淋雨，以降低棚内土壤盐分及缓解连作障碍。

参考文献

[1] 杨小锋，李劲松，杨沐，等．台风"凯萨娜"对海南南部设施农业的影响及相关思考［J］．热带农业科学，2009，10：68-69，74．

[2] 杨小锋，李劲松，杨沐，等．台风"山神"对海南南部设施农业的影响及思考［J］．农业工程技术（温室园艺），2013，1：20-25．

[3] 杨小锋，李劲松，杨沐，等．台风"康森"对海南三亚设施农业的危害调查与分析［J］．农业工程技术（温室园艺），2011，2：20-21．

[4] 中华人民共和国住房和城乡建设部．建筑结构荷载规范：GB 50009—2012［S］．北京：中国建筑工业出版社，2012．

海南温室大棚结构设计基本风压取值的研究

0 引言

设施农业在海南发展较为迅速。在 2014 年海口市委召开的十二届二次全市经济工作会议中,拟将海口新坡、那力洋等蔬菜基地,建设成为 333.5 hm² 高标准蔬菜大棚[1];2016 年海南全省蔬菜收获面积为 397.57 万亩,蔬菜产量达 571.88 万 t[2]。因此,设施农业在海南具有广阔的发展前景。

在大力发展海南设施农业的同时,也不能忽视台风的侵袭。受 2010 年 7 月 16 日登陆海南三亚亚龙湾的第 2 号台风"康森"影响,三亚中档钢架大棚有 23220 m² 出现骨架受损,其中,11808 m² 出现了棚体倾斜,11412 m² 出现了棚体倒塌现象。简易荫棚约有 10000 m² 出现了整体倒塌。低档钢架大棚有 3330 m² 出现了棚体倒塌,简易钢架棚有 20010 m² 出现了倒塌[3]。受 2016 年 10 月 18 日登陆海南万宁的第 21 号台风"莎莉嘉"影响,海南常年冬季瓜菜受灾面积达 14.2 万亩,2300 万株冬季育苗瓜菜受到影响,大棚及棚内瓜菜保险估损 8140.8 万元;海口市云龙镇农业生产设备设施遭到破坏,其中农业大棚基地 235 亩全部不同程度受灾;万宁市的农业生产受到严重影响,经济损失合计 2757 万元,其中常年蔬菜受灾 8050 亩、温室大棚损毁 32.24 亩[4]。

在对海南岛的台风研究方面,张凯荣等对 1957—2006 年这 50 年海南岛东部的台风记录进行了统计,并对其进行了灾害性评价,得出了登陆海南岛东部的台风年际和月际的明显变化及登陆地点分布不均等规律,根据其灾情指数的描述,可知海南台风灾害严重,93.3% 的台风造成重灾[5]。

1 研究方法与数据来源

1.1 数据来源

热带气旋路径资料采用的是中国气象局热带气旋资料中心提供的 1949—2015 年热带气旋最佳路径数据。本文选取了 1966—2015 年 50 年间的热带气旋路径数据,从西太平洋地区所产生的 1675 次热带气旋资料中整理了登陆海南岛的 97 次热带气旋数据,对其路径、登陆时的风速进行了统计,并把统计结果与中国天气台风网、中央气象台台风网上的热带气旋路径进行了校对检查。

1.2 研究方法

热带气旋发生过程伴随着强风,通过测定热带气旋风力,可以判断热带气旋等级。根据我国的《热带气旋等级》(GB/T 19201—2006),按热带气旋底层中心附近最大平均风速划分为六个等级:热带低压(10.8~17.1 m/s),热带风暴(17.2~24.4 m/s),强热带风暴(24.5~32.6 m/s),台风(32.7~41.4 m/s),强台风(41.5~50.9 m/s)和超强台风(≥51.0 m/s)[6]。我们平时所说的"台风",是指强度达到热带风暴级及以上的热带气旋。

根据热带气旋强度等级划分标准，将登陆海南岛的热带气旋划分为 8 级及以上、10 级及以上、12 级及以上、14 级及以上这四个分析段。通过作图，对不同热带气旋等级分别进行风力图表及热带气旋登陆路径分析，得出海南省各地受热带气旋风力的影响程度，并计算出各地的风压取值。

2　热带气旋登陆海南岛统计分析

1966—2015 年登陆海南岛的热带气旋达 97 次，年平均 1.94 次。其中，风力达到 8 级及以上的有 67 次，占比 69.1%；风力达到 10 级及以上的有 53 次，占比 54.6%；风力达到 12 级及以上的有 25 次，占比 25.8%；风力达到 14 级及以上的有 6 次，占比 6.2%。

通过对 50 年来所有热带气旋的登陆次数和登陆月份资料进行分析（图 1），可以明显看出，1966—2015 年海南岛热带气旋的多发月份在 7—9 月，这三个月平均登陆次数多达 20 次，其次是 10 月和 6 月。

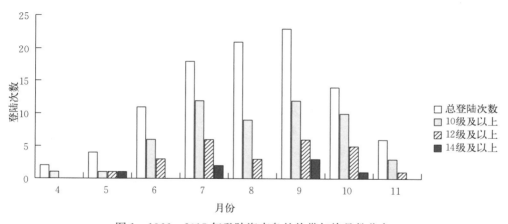

图 1　1966—2015 年登陆海南岛的热带气旋月份分布

通过近 50 年登陆海南岛的热带气旋统计结果，海南岛设施农业适宜的种植期为 12 月初至翌年的 5 月，在此期间，热带气旋发生不频繁，4 月及 5 月虽有热带气旋发生，但热带气旋强度不高，对农业生产造成的影响有限；6—11 月，为发生热带气旋较多的时期，在此期间应做好热带气旋的防范工作，避免热带气旋的突然来袭，给设施农业带来巨大的经济损失。

3　热带气旋登陆海南岛的路径研究

3.1　1966—2015 年 50 年间各等级热带气旋登陆海南岛的路径

3.1.1　强热带风暴

强热带风暴中心附近最大风力达到 10～11 级（24.5～32.6 m/s），此时树木能够被吹断，对农业也会造成较大的影响。通过对近 50 年来登陆海南岛的强热带风暴的路径分析，可知风力在 24.5 m/s 以上的热带气旋几乎横扫过整个海南岛，覆盖范围广，对各个地区都有一定的影响。

3.1.2 台风

台风中心附近最大风力达到 12～13 级（32.7～41.4 m/s），登陆后可能摧毁庄稼、各种建筑设施等，造成人民生命、财产的巨大损失。

从近 50 年来台风的路径分析可知，登陆海南岛的台风，风力在 32.7 m/s 以上的，大都集中在海南岛的东北部及南部，而海南岛中部的儋州、临高、澄迈、屯昌和定安地区近50 年来达到此等级的台风只有两次，所受影响较小。

3.1.3 强台风及超强台风

强台风中心附近最大风力达到 14～15 级（41.5～50.9 m/s）；中心附近最大风力达到16 级（51.0 m/s）及以上时称为超强台风。因其发生频次较少，在 50 年间总共发生了 6次，年均 0.12 次，分别为 1970 年的 15 级强台风"Joan"、1973 年的 15 级强台风"Marge"、1981 年的 14 级强台风"Kelly"、2005 年的 14 级强台风"Damrey"、2014 年的14 级强台风"Kalmaegi"和 2014 年的 17 级超强台风"Rammasun"，这里统一进行统计。这两类台风所产生的后果具有极强的灾难性甚至是毁灭性。虽然登陆海南岛的此类台风仅发生过 6 次，但其每次所产生的影响可以达到半个甚至是整个海南岛，从路径图上看，主要在海南岛的东（北）部及南部登陆。

3.2 1996—2015 年 20 年间登陆海南岛的热带气旋路径

因为温室使用年限很少有超过 50 年的，5 年及 10 年的重现期因数据过少而不具有代表性，海南岛的生产型温室又以塑料大棚、荫网棚为主，所以单独选取了 1996—2015 年20 年间登陆海南岛的热带气旋路径资料，并对之进行了统计分析。

在近 20 年里，登陆海南岛的中心附近最大风力等级在 10 级或 10 级以上的热带气旋遍布整个海南岛，影响范围较为广阔。其中临高及澄迈、定安地区虽有热带气旋路过，但路经次数相对较少。

风力等级在 12 级或 12 级以上的热带气旋的登陆数量及登陆路径分布呈现出明显的规律性。即：登陆数量明显减少（9 次），路径集中在海南岛的东北部及南部，海南岛中部的澄迈、临高、儋州、白沙、屯昌和定安地区没有热带气旋中心经过。

风力等级在 14 级或 14 级以上的热带气旋登陆数量少，20 年中仅有 3 次登陆海南岛，登陆路径是沿着海南岛的东北部和中部地区。但其给海南岛带来的灾害是非常严重的。尤其是文昌地区，有 2 次这样级别的热带气旋经过，都给其带来了灾难性的后果，严重影响设施农业发展。

3.3 对热带气旋路经区域的统计分析

通过对热带气旋路经地区风力等级进行统计、作图，可以得出热带气旋登陆海南岛后经过的市县，对路径中各市县的风速进行记录、归类，可以直观地判断热带气旋经过各地的风力大小及频次（图 2）。其中风力大小为登陆时风力的大小，未考虑登陆后风力降低的情况，因此该图仅能反映热带气旋登陆后途经海南各地的频次规律。

从图 2 中可以发现：当热带气旋等级≥10 级时，热带气旋路经各地的频次都较高，尤其是文昌、万宁、三亚、琼中、乐东、东方等沿海地区；热带气旋等级≥12 级时，途经各地区的频次呈现明显差距。

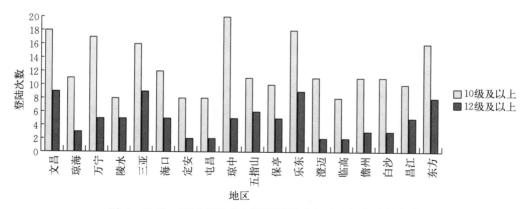

图 2　1966—2015 年热带气旋登陆海南岛后途经各地的次数

3.4　热带气旋登陆海南岛后的风速变化

根据对热带气旋登陆路径各点风速的统计，可以了解到大部分热带气旋登陆海南岛后其风速开始下降，对此本文将热带气旋登陆海南岛后的路径点及各点的风速做了简化处理，并应用插值法进行插值，分析热带气旋登陆海南岛后的风力大小分布规律。

（1）1966—2015 年以来所有热带气旋登陆后的风力大小分布规律：总体而言，登陆海南岛的热带气旋风力大都在 12 级以下。风力值较高的地区为文昌及乐东地区。儋州、临高、琼海、陵水以及琼中等地的风力值较小。本文对具有生产破坏力的 8 级及以上、10 级及以上、12 级及以上的风力数据进行单独分析。

（2）1966—2015 年以来 8 级及以上的热带气旋登陆后的风力大小分布规律：在登陆海南岛的热带气旋风力达到 8 级（17.2 m/s）后，文昌、海口、定安、琼海北部、三亚东部、陵水东部、万宁东部及乐东等东南沿海一带受到热带气旋的影响更为明显，而西部东方、昌江、临高等地风力值相对较小，中部琼中、五指山、保亭和西部儋州风力值最小。

（3）1966—2015 年以来 10 级及以上的热带气旋登陆后的风力大小分布规律：在登陆海南岛的热带气旋风力达到 10 级（24.5 m/s）时，海南岛东北部地区及琼海北部地区受到热带气旋的影响更为剧烈，而海南岛中西部地区，即儋州、临高及澄迈地区则呈现出风力值偏低的现象，其中以儋州中地区风力值为最小。

（4）1966—2015 年以来 12 级及以上的热带气旋登陆后的风力大小分布规律：当登陆海南岛的热带气旋风力达到 12 级（32.7 m/s）时，文昌及琼海地区受到的强台风影响较为严重，西部东方、昌江、乐东等地风力值较小，而临高、澄迈、屯昌、定安、儋州、琼中等中西部地区由于受到琼海、文昌超强台风过境影响，风力值较大。

4　海南地区设施农业基本风压的确定

4.1　基本风压确定

基本风压计算公式为：

$$W_0 = I^2 v^2 / 1600$$

式中：W_0 为基本风压（kN/m²）；I 为结构重要性系数；v 为基本设计风速（m/s）。

运用基本风压计算公式，对登陆海南岛的热带气旋的基本风力值进行计算，其中结构重要性系数 I 暂按 1.0 取值，得到基本风压值，再对其进行插值，得出登陆海南岛的热带气旋的基本风压分布。根据基本风压分布，能够对确定海南岛各地温室大棚结构设计中的风压取值起到一定的参考作用。

登陆时风力等级小于 8 级的热带气旋影响有限，研究其基本风压情况对海南设施农业建设的参考意义不大。登陆海南岛的热带气旋中有较大部分的风力等级是小于 8 级的，导致某些区域的平均风压值较小。如琼海地区，受热带气旋影响频繁，但多数为风力等级较小的热带风暴等，导致琼海地区的基本风压取值较海南省平均值小。为了更加准确地反映对设施农业有明显影响的 8 级及以上的热带气旋在海南岛的基本风压分布情况，需要进一步对 8 级及以上、10 级及以上、12 级及以上的热带气旋进行插值计算，分别分析其基本风压分布。

4.1.1 1966—2015 年 8 级及以上热带气旋基本风压分布情况

8 级（17.2 m/s）及以上的热带气旋插值计算后得到的基本风压呈现东北部较大、中部较小、东南部居中的分布规律。如前所述，8 级及以上的热带气旋登陆路径遍布海南岛。因此设计使用年限在 3 年以下的简易大棚设施时可采用此基本风压分布。

4.1.2 1966—2015 年 10 级及以上热带气旋基本风压分布情况

10 级（24.5 m/s）及以上的热带气旋插值计算后得到的基本风压呈现东北部文昌、海口，东部琼海，南部三亚等地较大，中西部儋州、琼中、昌江较小，西南部东方、乐东、白沙等地居中的分布规律。根据统计，50 年来 10 级及以上热带气旋发生的总次数为 53 次，平均到海南岛的每个市县，每 4.04 年发生 1 次。因此设计使用年限在 8 年以下的普通温室大棚设施时可采用此基本风压分布。

4.1.3 1966—2015 年 12 级及以上热带气旋基本风压分布情况

12 级（32.7 m/s）及以上的热带气旋插值计算后得到的基本风压呈现东北部较大、西南部较小的分布规律。根据统计，50 年来 12 级及以上的热带气旋发生的总次数为 25 次，平均到每个市县，每 10.23 年发生 1 次。因此设计使用年限在 10 年以上的高档温室、育苗温室、常年（永久）蔬菜大棚设施时可采用此基本风压分布。

4.2 海南温室大棚结构设计基本风压取值建议

表 1 是根据前述分析（8 级及以上热带气旋基本风压分布）得到海南各市县设施农业基本风压的建议取值。表中重现期 $R=10$ 的情况主要指用于西瓜、哈密瓜生产或其他短期使用的简易大棚、网室，其使用周期一般在 5 年以下；重现期 $R=15$ 的情况主要指用于普通蔬菜、苗木等生产的一般性大棚、荫棚等，其使用周期一般为 10 年以下；重现期 $R=20$ 的情况主要指育苗、观光的温室或保障性常年蔬菜大棚等，其使用周期一般为 10 年以上（一般情况下，优先建议选用该值）。

表 1 海南设施农业基本风压取值建议表

地点	风压（kN/m²）		
	$R=10$	$R=15$	$R=20$
文昌	0.70	1.10	1.20
海口	0.65	0.80	1.10

（续）

地点	风压（kN/m²）		
	$R=10$	$R=15$	$R=20$
澄迈	0.50	0.55	0.95
临高	0.55	0.60	0.95
儋州	0.40	0.50	0.95
琼海	0.60	0.85	1.20
定安	0.60	0.70	1.05
屯昌	0.50	0.55	1.05
万宁	0.60	0.65	1.05
琼中	0.40	0.55	0.85
白沙	0.55	0.60	0.85
昌江	0.55	0.60	0.80
东方	0.55	0.65	0.75
陵水	0.60	0.65	0.90
保亭	0.45	0.65	0.85
五指山	0.45	0.70	0.80
乐东	0.55	0.65	0.80
三亚	0.65	0.80	1.00

由于该表取值均为登陆热带气旋的中心风力（即过境时的最大风力），在使用时建议参考《农业温室结构荷载规范》（GB/T 51183—2016）的相关规定。进行荷载组合时，风荷载的分项系数取 1，结构重要性系数可取 0.9 或 0.95。

5　总结建议

（1）《农业温室结构荷载规范》（GB/T 51183—2016）中，根据农业温室的特点给出了海南主要地区的 10 年、15 年、20 年一遇的风压值，风荷载的分项系数为 1。将规范中的风压值与本文的分析结果比较，除三亚外，其他地区的风压取值均较小。特别是儋州、琼海 20 年一遇的取值分别为 0.48 kN/m² 和 0.58 kN/m²，按照分项系数为 1 的情况考虑，与设计实践差距较大，近年来在该地区按照接近该风压值设计的温室大棚时常发生损毁。

（2）《建筑结构荷载规范》（GB 50009—2012）中也给出了海南主要地区 10 年、50 年、100 年一遇的风压值，其中风荷载的分项系数为 1.4。结合分项系数和风压值，本文的分析结果中"$R=10$"和"$R=20$"的风压值分别与该规范中"10 年一遇"和"50 年一遇"的风压值比较接近。如《建筑结构荷载规范》中海口地区 50 年一遇的风压值为 0.75 kN/m²，乘以分项系数 1.4 后为 1.05 kN/m²，而本文 $R=20$ 的风压取值是 1.10 kN/m²。

（3）《农业温室结构荷载规范》《建筑结构荷载规范》均只给出了海南典型地区的风压值，而对于岛内大部分地区的风压取值不明确，只能按就近原则近似取得。本文明确给出了各个市县的取值参考，具有操作性；同时也针对海南本地的设施类型分别来确定不同的取值，具有实用性；本文结果是在分析了近 50 年来登陆海南岛的热带气旋数据后得到的，其取值与现有的规范相近或略高，同时也根据本地区设计经验修正，具有可靠性。

（4）风荷载是海南地区温室大棚的主要荷载，也是起决定性作用的关键荷载，其取值的科学性与否直接影响到设施农业的投资大小和生产成败。大量的经验教训告诉我们一定要根据实际情况合理确定温室大棚类型和对应的风荷载取值，不能有侥幸心理和麻痹大意，否则带来的损失只会更大。

参考文献

[1] 单憬岗.海口将新建蔬菜大棚 5000 亩 [N].海南日报，2014-05-25（A1）.

[2] 海南省统计局，国家统计局海南调查总队.2016 年海南省国民经济和社会发展统计公报 [EB/OL].（2017-02-10）[2017-08-16].https://www.hainan.gov.cn/hainan/tjgb/201702/8a5c78472cd6440fa44a6c9b062c7f23.shtml.

[3] 杨小锋，李劲松，杨沐，等.台风"康森"对海南三亚设施农业的危害调查与分析 [J].农业工程技术（温室园艺），2011（2）：20-21.

[4] 刘建，黄燕.台风"莎莉嘉"对海南设施农业的影响与建议 [J].农业工程技术，2017（4）：34-37.

[5] 张凯荣，宋长远，陈钰祥.近 50 年来海南岛东部台风记录及其灾害性评价 [J].安徽农业科学，2010，38（23）：12880-12882.

[6] 殷洁，戴尔阜，吴绍洪，等.中国台风强度等级与可能灾害损失标准研究 [J].地理研究，2013（2）：266-274.

台风"莎莉嘉"对海南设施农业的影响与建议

0 引言

2016 年第 21 号台风"莎莉嘉"（强台风级）于 2016 年 10 月 18 日上午 9 时 50 分前后在海南省万宁市和乐镇沿海登陆，登陆时中心附近最大风力有 14 级（45 m/s）。途经海南岛中部的琼海、琼中、白沙、儋州等地，由洋浦进入北部湾海面，台风中心横穿海南岛，历时 14 h，是 1970 年以来在 10 月登陆海南岛的最强台风。其具有强度大、影响范围广、持续时间长的特点。登陆后几乎全岛瞬时风力达到 7 级以上，台风中心经过区域的风力在 9～11 级，局部地区达到 12 级。台风给海南岛造成了比较严重的经济损失。根据相关报道，全岛常年冬季瓜菜受灾面积达 14.2 万亩，2300 万株冬季育苗瓜菜受到影响，大棚及棚内瓜菜保险估损 8140.8 万元[1]；海口市云龙镇农业生产设备设施遭到破坏，其中农业大棚基地 235 亩全部不同程度受灾[2]；万宁市的农业生产受到严重影响，经济损失合计 2757 万元，其中常年蔬菜受灾 8050 亩、温室大棚损毁 32.24 亩[3]。

1 温室大棚的破坏情况

目前，在海南使用的温室大棚按抗风能力来区分，可以分为三大类。

（1）连栋温室：包括用于科研、观光或育苗的玻璃（PC 板）覆盖的文洛型连栋温室，以及部分薄膜覆盖的锯齿型连栋温室。这类温室设计的抗风等级一般为 11～12 级（0.60～0.75 kN/m²）。由于其骨架为桁架结构，稳定性能好，十分有利于抵抗风荷载的作用。从近年海南最大台风"威马逊"的破坏结果看，这类温室的抗风能力经受住了考验，骨架基本完好，仅覆盖的部分玻璃或薄膜发生损坏，少部分骨架变形也能够快速修复，如图 1 所示。从图 1 可以看出，即使遭遇如"威马逊"这样登陆时中心风力达 17 级的超强台风，文洛型玻璃温室和锯齿型薄膜温室的主体结构依旧保持良好，而处于同一地区的圆拱型薄膜温室的骨架则已发生了较大程度的倾斜，很难再修复使用。

(a)　　　　　　　　　　　　　　　　(b)

图 1　台风"威马逊"对几种温室的破坏对比（位于同一地点）

（a）文洛型玻璃温室与锯齿型薄膜温室的破坏对比　（b）文洛型玻璃温室与圆拱型薄膜温室的破坏对比

（2）用于常年蔬菜生产的圆拱型大棚：这类大棚以圆拱型为主，屋顶采用薄膜覆盖，四周采用防虫网覆盖，形成开敞式结构，主要用于夏秋季常年蔬菜的生产。相对而言，由于单位面积的投资较低，设计的抗风等级自然会降低，一般要求的设计抗风等级为 8～10级（0.20～0.50 kN/m²）。这类大棚能够在一定程度上抵御台风的作用，但抵御能力有限，取决于台风的强度等级和必要的防台风措施。如 2014 年"威马逊"台风以后，海南地区没有遭遇较大的台风，即使如"莎莉嘉"这样正面袭击、影响全岛的台风，对这类大棚的影响也较小（在采取了一定的防台风措施的前提下），主要是薄膜、防虫网以及外遮阳系统发生了不同程度的破坏，如图 2 所示。

（a） （b）

图 2　台风"莎莉嘉"对具有一定抗风能力的大棚的破坏对比

（a）连栋圆拱型大棚的薄膜发生破坏　（b）单拱大棚的薄膜发生破坏

（3）用于蔬菜或西瓜、甜瓜等生产的简易拱棚：以圆拱型单栋或连栋拱棚为主。由于投资或生产季节性的原因，这类拱棚结构简易，造价低，几乎不具有抗台风能力。因此，只要一有台风登陆，该类大棚都会不同程度地受到影响。如在台风"莎莉嘉"的登陆过程中，发生结构破坏的主要是该类大棚（仅个别采取了一定防护措施的大棚幸免），如图 3 所示。

（a） （b）

图 3　台风"莎莉嘉"破坏的简易拱棚

（a）哈密瓜大棚在台风中被"夷为平地"[4]　（b）蔬菜生产拱棚骨架恢复重建（骨架已变形）

2　存在的问题与建议

2.1　海南地区温室大棚抗风荷载的取值

　　温室大棚的使用周期短，结构重要性程度小，导致在建设过程中对风荷载的取值具有一定的随意性：往往会按照投资额的大小来确定；或在设计之初把一些防护措施作为降低抗风荷载的必要措施，如"破膜保架"措施。所谓"破膜保架"，即在一些常年蔬菜基地的建设过程中，当超过一定大小的风荷载时，要求将膜破掉或揭下，来保证骨架的安全。理论上这种方式是可行的。但海南每年均会遭遇 2～3 次台风的登陆，即使在海南的中部地区，每 3～4 年也会有一次台风正面袭击。将"破膜保架"作为必要措施，则每年可能会经历多次"破膜"的过程。由于台风登陆后影响的范围和大小具有一定的随机性，可能在"破膜"后，台风影响不大，但暴雨将农作物损坏了，且"破膜"后也需要重新盖膜，需要一定周期和成本，势必影响夏秋季节的生产。久而久之，生产者的心中也会想："当预报台风不是很大或所在地不处于预报登陆路径上的时候，是否可以不破膜？"哪怕有一次这样的侥幸心理，也可能造成大棚的全部损失。这在本次台风"莎莉嘉"中表现尤为突出。海口地区推广建设的一种单拱大棚，其造价要求较低，抗风等级为不超过 7 级，超过时则要求"破膜"[5]。在台风"莎莉嘉"登陆之时，由于海口并不处于预报的登陆路径上，几乎所有的种植者都没有采取"破膜保架"的措施，导致该类型大棚大部分倒塌，成为主要受损的大棚类型。

　　鉴于海南地区具有台风多发性的特点，而海南温室大棚在夏秋台风季节的需求性远远大于冬季，建议海南地区的温室大棚的抗风等级按以下两个最低标准进行选取。

　　（1）10 级风的初始风速 25 m/s，即风压为 0.40 kN/m²。对于季节性强、要求使用周期短（小于 3 年）的大棚可选用不低于该最低标准取值。

　　（2）12 级风的中间风速 34.6 m/s，即风压为 0.75 kN/m²（海口市 50 年一遇风压）[6]。对于除第（1）种情形以外的其他温室大棚，应选用该最低标准，个别沿海岸或重要的温室可适当提高到 0.85 kN/m²（三亚市 50 年一遇风压）[6]。大量的实践证明该取值能够保证温室大棚在使用期内的使用安全性（图 4）。

图 4　台风"莎莉嘉"过后大棚内正常生产采收

注：按 0.75 kN/m² 风荷载标准设计的单拱大棚，位于海口市桂林洋，在台风"莎莉嘉"过后大棚和内部蔬菜均未受到损坏，可正常生产采收，保障了菜篮子供应。照片拍摄于台风后第三天（2016 年 10 月 21 日）。

2.2 薄膜的老化问题

薄膜的老化问题在海南比较突出。比如同种类型的温室大棚，其中一个是当年新换的薄膜，另外一个是使用了一年的薄膜，两者厚度相同。在台风中，新膜保持完好，而已使用一年的膜则发生了破坏。采取适当措施延缓薄膜的老化破坏（特别是局部加速老化和机械损坏），能够显著降低温室大棚的使用成本。如可以将薄膜折叠几层后再卡入卡槽内，可以降低卡槽处卡簧对薄膜的机械损坏；或在卡槽内侧以及卡簧与薄膜之间增加橡胶垫层，避免薄膜与卡槽、卡簧直接接触，保证薄膜在卡簧处受力均匀。

2.3 薄膜的强度设计问题

（1）薄膜的设计安装幅宽：一般情况下，在设计温室为 PC 板或玻璃覆盖的时候，均要根据其表面所受的荷载来选取其分块的大小与支撑边框的布置位置，但在薄膜覆盖中往往忽略了该问题。无论幅宽大小，均采用四周固定，这样最易于施工。但实际上幅宽大的受力面积也大，则固定处所受的力也越大，即使卡槽不被拉坏，薄膜也易从卡槽处撕裂[图 2（b）]。实践中也发现在相同地点、相同布置位置、相同厚度的薄膜，在相同的使用时间，仅幅宽不一样，在同一台风作用下，幅宽大的发生破坏，而幅宽小的完好无损。因此明确薄膜的抗拉能力和老化程度，设计保证一定使用年限的合理幅宽，也是海南地区温室大棚薄膜设计时应该考虑的一个方面。虽然薄膜的更换成本低，而减小使用幅宽会增加一定的安装成本，但从使用的稳定性上看，如果能够抵御台风，保证农作物的正常生产，产生的经济效益和社会效益会更大。

（2）薄膜设计强度与骨架适应：一般情况下，应该要求在台风作用力达到骨架极限之前，薄膜率先发生破坏，否则会影响骨架的使用安全。因此，不能盲目提高薄膜的厚度和设计使用强度，而应与骨架的设计强度相适应。这在简易拱棚上面表现尤为突出：往往是膜没坏，骨架已经承担不了，只能是"膜损架亡"。

参考文献

［1］"莎莉嘉"台风海南农业保险估损 3.08 亿元，已赔付 1.37 亿元［EB/OL］.［2016 - 11 - 25］. http://www. circ. gov. cn/web/site0/tab5168/info4051209. htm.

［2］云龙镇六大举措降低"莎莉嘉"对农业影响［N/OL］. 人民网-海南频道，2016 - 10 - 19［2016 - 12 - 26］. http://news. 0898. net/n2/2016/1019/c231190 - 29166017. html.

［3］叶俊一. 受"莎莉嘉"影响 万宁农业经济损失 2757 万元［N/OL］. 南海网，2016 - 10 - 19［2016 - 12 - 26］. http://www. hinews. cn/news/system/2016/10/19/030772537. shtml.

［4］台风致海南多地受灾［N/OL］. 新华社，2016 - 10 - 20［2016 - 12 - 26］. http://news. xinhuanet. com/politics/2016 - 10/20/c_1119753250. htm.

［5］海南海口推广新型大棚［J］. 世界热带农业信息，2015（4）：25 - 26.

［6］中华人民共和国住房和城乡建设部. 建筑结构荷载规范：GB 50009—2012［S］. 北京：中国建筑工业出版社，2012.

热区温室大棚塑料薄膜耐候性分析初探

0 引言

我国温室大棚常用的覆盖材料种类较多，以海南、广东等为代表的热区则以薄膜、防虫网、遮阳网等塑料材质居多。覆盖材料在生产型温室大棚的造价中所占比例较大[1]。相对于温室大棚其他构件，塑料覆盖材料使用寿命较短，需要定期更换。在各类温室大棚覆盖材料中，低密度聚乙烯塑料薄膜（low density polyethylene，简称 LDPE）使用最为广泛[2]。同国外塑料覆盖材料 5～10 年的使用寿命相比，由于生产技术、使用环境及维护保养等原因，热区塑料覆盖材料的使用寿命只有 2～3 年，其中聚乙烯塑料薄膜的使用年限从一季到三年不等，且透光性和保温性等重要功能随使用时间的延长而逐步衰减、丧失[3]。其中紫外线照射带来的光热氧化是促使塑料制品老化的关键因素[2,4]，同时温室结构，如构造尺寸、覆盖材料的固定形式、薄膜与温室结构的接触点的保护措施，也对薄膜老化有着重要影响。早期研究表明，聚乙烯薄膜光氧化反应速率与温度密切相关，温度每升高 10 ℃，反应速率增加 1 倍[5]。有调查指出，覆盖材料与温室金属结构的连接处，夏日温度可高达 70 ℃[6]，与温室结构连接处的薄膜无疑成了整片覆盖材料中最易老化的部分。

考察发现热区温室大棚塑料覆盖的自然老化破损多从卡簧卡槽处开始（图 1）。前人对薄膜耐候性的研究多集中在制造工艺或添加剂对薄膜的改性上[7]，而未从温室施工、日常维护的角度对薄膜进行研究。本文将从试验的角度分析薄膜的老化性能，为温室的日常使用和维护提供参考。

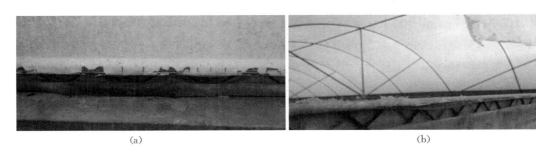

(a)　　　　　　　　　　　　　　　(b)

图 1　温室薄膜的自然老化
（a）即将破损的温室薄膜　（b）破损的温室薄膜

1 理论分析

低密度聚乙烯塑料薄膜属于高分子聚合物。聚合物的力学性能与材料的微观结构和化学组成密切相关，强度和分子量密切相关，而塑料薄膜的分子量是一个平均值[8]。不完全均匀的分子量造成了聚合物的实际强度远低于理论强度。塑料薄膜的内部有许多微孔洞和微裂缝，这些微缺陷有的产生于材料的加工制造，有的产生于使用过程中的外力和环境因素。微缺陷在荷载、温度或环境效应等因素的持续作用下进一步增长、扩展、合并，形成一定尺度的宏观裂纹[9]。导致材料的力学性能劣化的微观结构变化称为损伤，损伤过程的终点是宏观裂纹形成[9,10]。

从损伤力学的角度，将材料内部看作连续分布的微小缺陷，即连续的变量场。在物体某点处选取"体积元"，并假定该体积元内的应力、应变及损伤是均匀分布的。材料内部存在微裂缝是材料破裂的关键原因。微裂缝引起的应力集中，类似于椭圆形孔引起的应力集中。长轴直径为 a、短轴直径为 b 的椭圆形孔，长轴两端的应力 σ_t 与平均应力 σ_o 的比值为 $\sigma_t/\sigma_o = \sqrt{1+2a/b}$，当 a/b 增大时，应力集中严重。微裂缝可视为 $a \gg b$ 的椭圆形孔。微裂缝尖端处的最大张力 $\sigma_m = \sigma_o \sqrt{1+2\alpha/\rho}$（式中：$\alpha$ 为微裂缝长度之半；ρ 为尖端的曲率半径）。

基于这样的理论，将薄膜拉伸也可观察到，表面光滑未见细纹的薄膜，拉伸到一定程度后，出现针头大的小孔，随即迅速扩大，直至断裂。而表面有细纹损伤的薄膜，无一例外由损伤处断裂。塑料薄膜与卡簧卡槽接触处因风力作用而发生的频繁摩擦，以及昼夜高温差，都会加剧薄膜损伤，导致结构力学性能下降，最终引起薄膜破坏。

2 试验设计

为了对塑料薄膜老化程度进行评估，并重点研究卡簧卡槽夹持处薄膜的老化程度，对使用不同年限的塑料薄膜进行拉伸力测试。以最大荷载、断点延伸率、拉伸强度为评价指标，从试验角度探寻温室薄膜最易老化部位及老化原因，以期延长薄膜的整体使用年限。

2.1 材料选择

农用低密度聚乙烯塑料薄膜种类很多，常按其化学组成和制作工艺进行分类。应用较为广泛的是 PEP 利得膜。它是将 PE 和 EVA（乙烯-醋酸乙烯酯共聚物）按照三层共挤式（PE＋EVA＋PE）制成的复合膜，其中 EVA 作为添加剂使用，其含量在 4%～10%。PEP 利得膜现有配方在 300 种以上[11]。PEP 利得膜具有 PE 膜的耐温性及 EVA 膜的强韧性，能抗高温及强风，还兼有透光率高、保温性好、防尘、防流滴等优点[12,13]。目前国内市场上塑料薄膜按厚度来销售，厚度为 8～15 丝（1 丝≈0.01 mm）。本试验选取 PEP 利得膜两种常见的规格：0.10 mm、0.15 mm。

2.1.1 测试点分布

如图 2 所示，0.15 mm 薄膜采用单层安装固定；0.10 mm 薄膜采用多层固定的形式，即与遮阳网一并安装固定，遮阳网在外，薄膜在内，遮阳网充当薄膜的垫层。固定用的卡槽由镀锌板材制成，卡簧为涂塑处理的铁丝。

取样位置 A 位于 0.15 mm 薄膜的非卡簧卡槽夹持处，B 位于 0.15 mm 薄膜的卡簧卡槽夹持处。C 位于遮阳网覆盖下 0.10 mm 薄膜的非卡簧卡槽夹持处，D 位于遮阳网覆盖下 0.10 mm 薄膜的卡簧卡槽夹持处。

2.1.2 样条制备

两种厚度的薄膜按未使用、使用 8 个月（2013 年 6 月至 2014 年 1 月）、使用近 3 年（2011 年 10 月至 2014 年 3 月）分组。每组按照实际情况取卡簧卡槽夹持处与非卡簧卡槽

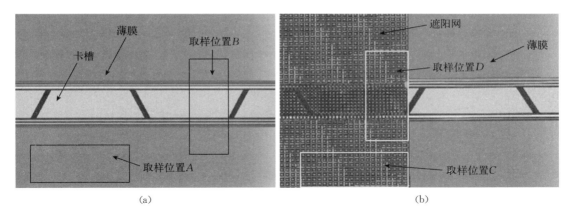

图 2　取样位置图

(a) 0.15 mm 薄膜安装形式　(b) 0.10 mm 薄膜安装形式

夹持处（未使用过的全新料不予区分）分别进行 5 次拉伸试验。Demetres Briassoulis[8]在早期研究中指出，横向或纵向取样无明显拉力区别。

　　样条制备参考 GB/T 1040.3—2006《塑料　拉伸性能的测定　第 3 部分：薄膜和薄片的试验条件》，选取"2 型试样"（图 3），将材料裁剪为宽 20 mm、长 150 mm 的长条，确保试样边缘光滑且无缺口。试样中部有间隔 50 mm 的两条平行标线[14]，便于夹具夹持。

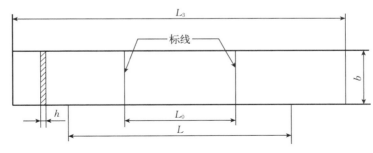

图 3　2 型试样

注：b 为宽度，10～25 mm；h 为厚度，$\leqslant$1 mm；L_0 为标距长度，50 mm$\pm$0.5 mm；L 为夹具间的初始距离，100 mm$\pm$5 mm；L_3 为总长度，$\geqslant$150 mm

2.2　设备仪器

　　选用济南金测试验机设备有限公司生产的 LD‑5B‑3 型电子拉力试验机，经预测试，塑料薄膜的拉伸试验选择第 3 个档，最大测试力为 200 N，试验速度为 50 mm/min。

　　试验在室温 20～25 ℃、相对湿度 60％～70％的环境下进行。拉伸试验自动记录各时间点的力值与形变量，样条断裂后自动停机输出数据，完成一次重复试验。

3　试验过程与数据处理

3.1　新薄膜的拉伸试验

　　新膜进行五次重复试验。每次试验输出试验过程中任意时间点的拉伸力与形变量，并附最大力值与最大强度。将数据整理为形变量与拉伸力的关系，如图 4 所示。

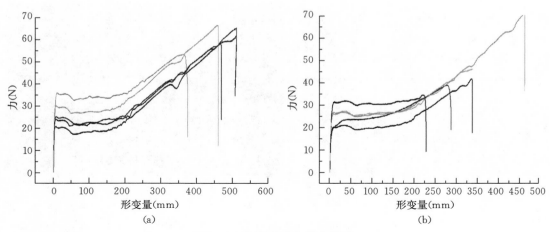

图 4　新膜拉伸力与形变量图

（a）0.15 mm 厚的全新膜　（b）0.10 mm 厚的全新膜

观察图形可知，拉伸过程明显地分为弹性变形阶段和塑性变形阶段。初始阶段拉伸力为零，随着试验的继续，样条由松弛状态渐变为紧绷状态，而后发生弹性变形。通常为简化分析，假设塑料薄膜为理想弹性体，弹性变形过程中，应力、应变存在一一对应的线性关系。当外力超出弹性极限荷载后，进入短暂的屈服阶段，变形增加较快，此时除了产生弹性变形外，还产生部分塑性变形[15]。并且随着拉伸的继续，塑性应变急剧增加，应力、应变出现微小波动。这一阶段材料发生屈服，原组织被破坏。薄膜沿着外力作用的方向进行分子取向、结晶重排、链段滑移[9]。而越过屈服点后的塑性变形阶段，除了伴随着原组织有序和无序区之间发生一定程度的交换，分子主链之间还会发生部分断裂[16]。塑料薄膜属于韧性固体，塑性变形能力强，当力不断增大达到断裂负荷（即最大力值）时，此时的应力为拉伸强度（MPa）。观察图形可知，新膜的断点伸长量约为 464 mm（0.15 mm 厚）和 351 mm（0.10 mm 厚）。

3.2　使用 8 个月的 0.15 mm 薄膜拉伸试验

试验过程中，使用过的薄膜，有明显折痕或细纹损伤的，均在损伤处断裂。表面光滑未见细纹的薄膜，拉伸到一定程度后，出现针头大小的孔，随即迅速扩大，直至断裂。

如图 5 所示，使用 8 个月后，取样位置 A 处的薄膜（非卡簧卡槽夹持部分的薄膜）在拉伸过程中受力和形变量均无明显下降，即试样的拉伸强度和断点延伸率未有明显衰减。而取样位置 B 处的薄膜（卡簧卡槽夹持部分的薄膜）在拉伸过程中，断点延伸率衰减了 61%，由新膜的 924.20% 衰减为 362.00%。

试验过程中试样的每个介质点均受拉力，同时将拉力向相邻的介质点传递，则能量以该种形式在介质中传播。塑料薄膜这类聚合物的强度与分子量密切相关，分子量均匀、排布整齐的薄膜，各介质点能将受力均匀分散[17]。而实际上，试样的每个介质点都有变形差异，那么即使每个介质点受到相同的拉力，变形率也会不同。而被卡簧卡槽夹持的部分，材料因高温过早老化变硬，延展性骤降，介质点受力时无法将能量传递分散，所以此处优先变形。

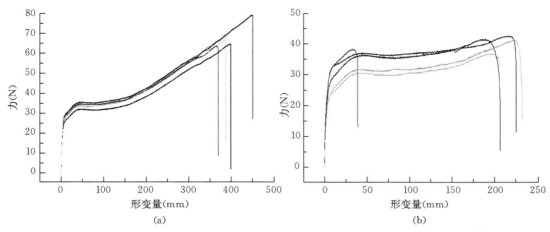

图5　使用8个月的0.15 mm薄膜拉伸力与形变量图

（a）取样位置 A　（b）取样位置 B

3.3　使用8个月的0.10 mm薄膜拉伸试验

通过对比图5与图6可发现，0.15 mm薄膜重复试验的一致性较好，图形重叠率高，而0.10 mm薄膜的五次重复一致性较差，图形离散程度高。使用8个月后，取样位置 C 处的薄膜断点延伸率衰减了12.8%，由新膜的701.6%衰减为611.8%；取样位置 D 处的薄膜断点延伸率衰减了27.3%，衰减为510.0%。与取样位置 B 处比较（断点延伸率衰减为362.00%，衰减了61%），取样位置 D 处的薄膜与遮阳网一并安装（薄膜在内、遮阳网在外）可延缓薄膜因接触卡槽而出现的老化。

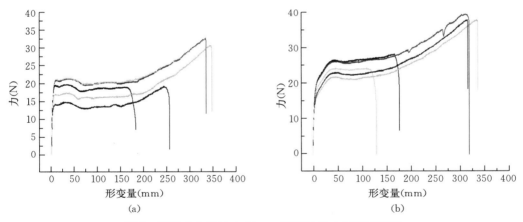

图6　使用8个月的0.10 mm薄膜拉伸力与形变量图

（a）取样位置 C　（b）取样位置 D

3.4　使用近三年的0.15 mm薄膜拉伸试验

通过图7分析可知：0.15 mm薄膜使用近三年后老化严重，延展性大大降低。新膜的断点延伸率为924.20%。使用近三年后，取样位置 A 处的薄膜（非卡簧卡槽夹持部分的薄膜）断点延伸率衰减为611.2%，取样位置 B 处的薄膜（卡簧卡槽夹持部分的薄膜）断点延伸率衰减为63.2%。充分说明卡簧卡槽对薄膜的直接夹持会加速薄膜的老化。

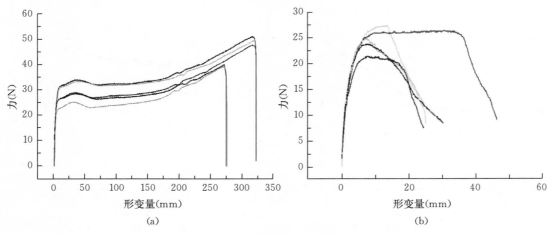

图 7 使用近三年的 0.15 mm 薄膜拉伸力与形变量图
(a) 取样位置 A (b) 取样位置 B

4 结果分析

拉伸强度（拉伸断裂应力）以 σ（MPa）表示：

$$\sigma=\frac{F}{bh}$$

式中：F 为最大力值（断裂负荷）（N）；b 为试样宽度，这里为 20 mm；h 为试样厚度（mm）。

断点延伸率或屈服伸长率以 ε（%）表示：

$$\varepsilon=100L_0/L$$

式中：L_0 为试样原始标距长度，这里为 50 mm；L 为试样断裂时或屈服时标线间的距离（mm）。

机械拉伸性能是评价薄膜老化程度的一项重要指标。拉伸强度及断点延伸率平均值统计如表 1 所示，由拉伸强度及断点延伸率制成的应力应变曲线如图 8 所示。

表 1 使用不同时限的薄膜的拉伸强度

薄膜厚度	取样位置	使用时长	拉伸强度（MPa）	断点延伸率（%）
		全新	29.17	924.20
0.15 mm	A	8 个月	34.76	809.80
		近三年	22.85	611.20
		全新	29.17	924.20
0.15 mm	B	8 个月	19.13	362.00
		近三年	11.86	63.20
		全新	21.98	701.60
0.10 mm	C	8 个月	14.29	611.80
		全新	21.98	701.60
0.10 mm	D	8 个月	17.40	510.00

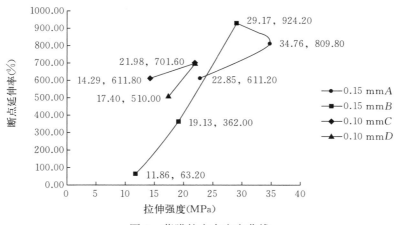

图 8　薄膜的应力应变曲线

可以看出，不同规格的塑料薄膜在使用过后断点延伸率都会下降。对于 0.15 mm 厚的塑料薄膜，取样位置 B 的断点延伸率比取样位置 A 下降严重；对于 0.10 mm 厚的塑料薄膜，取样位置 D 的断点延伸率比取样位置 C 下降严重；可知卡簧卡槽的夹持会加速塑料薄膜老化。

拉伸强度为单位截面薄膜在拉伸断裂时的拉力，表示物质抵抗拉伸的能力。塑料薄膜在使用过后，拉伸强度的整体变化趋势是下降，取样位置 A 处 0.15 mm 薄膜还呈现拉伸强度先上升后下降的趋势，取样位置 D 处的拉伸强度高于取样位置 C 处。王小满在《农业用塑料薄膜耐老化性能测试技术》中也提到，薄膜在自然气候暴晒初期，拉伸性能有提升的倾向[18]。高分子材料早期老化时会有"退火效应"，分子链发生了重组、聚合，消除了材料的部分内应力和材料的内部缺陷，导致拉伸强度值略有上升[19]。

决定塑料薄膜拉伸性能的是薄膜分子量及结晶度，支链越规则，结晶度就越高，拉伸强度越高[5,20]。老化将导致分子链断裂，分子量减小，分子的支链规则度下降，分子间作用力下降，所以使用过后，薄膜拉伸强度的整体变化趋势是下降。

5　结论与讨论

本文从试验角度出发，对两种不同使用时限的塑料薄膜进行拉伸性能测试，结果发现：

（1）在覆盖材料与温室金属结构的连接处，即卡簧卡槽夹持处，薄膜易老化，拉伸性能较其他部位下降严重。

（2）薄膜与温室结构的接触点的保护措施对薄膜的老化起到重要影响，增设垫层可阻挡部分紫外线，也可避免高温时薄膜与金属卡槽直接接触，减弱薄膜由卡簧卡槽的夹持带来的加速老化。

（3）0.15 mm 薄膜的拉伸性能较 0.10 mm 薄膜稳定。

本文虽已得出一些较为直观的结论，但试验设计还不够严谨，未能对老化机理结合环境因素做深层的剖析。实际上老化是很复杂的过程，受到各种环境因素的影响，热区温室大棚薄膜不仅受紫外线、高温的光热氧化，还受到台风的影响。为延长覆盖薄膜的使用年限，还有待更细致的研究。

参考文献

[1] 周伟伟. 国内温室覆盖材料的应用现状 [J]. 中国花卉园艺, 2013 (5)：16 - 17.

[2] 邹平, 马彩雯, 肖林刚, 等. 温室塑料薄膜的老化与稳定机理研究 [J]. 北方园艺, 2013 (20)：182 - 184.

[3] 陈宇, 王朝晖, 许国志. 园艺透明覆盖材料的功能性与材料寿命同步性研究 [J]. 化工新型材料, 2006 (S1)：1 - 4.

[4] 贾芳. 低密度聚乙烯的光降解特性的研究 [D]. 广州：广东工业大学, 2008.

[5] REBEK J F. Polymer photodegradation [M]. London：Mechanisms and Experimental Methods Chpman & Hall, 1995：73 - 74.

[6] 邹平, 马彩雯, 肖林刚, 等. 温室覆盖薄膜老化的原因及延缓老化的措施 [J]. 新疆农机化, 2013 (2)：40 - 42.

[7] 王浩江, 胡肖勇, 刘煜, 等. 聚乙烯材料耐候性能研究进展 [J]. 合成材料老化与应用, 2012, 6：21 - 25.

[8] BRIASSOULIS D. The effects of tensile stress and the agrochemical vapam on the aging of density polyethylene (LDPE) agricultural film [J]. Polymer degradation and stability, 2005, 88 (3)：489 - 503.

[9] 刘进华. 软包装复合材料拉伸性能的初步研究 [D]. 南京：南京林业大学, 2006.

[10] 李兆霞. 损伤力学及其应用 [M]. 北京：科学出版社, 2002.

[11] 编辑部. PEP利得膜产品的介绍 [J]. 农业工程技术（温室园艺）, 2014 (8)：6.

[12] 杨春玲, 孙克威, 姜戈. EVA薄膜在日光温室蔬菜生产中应用效果的研究 [J]. 北方园艺, 2005, 4：22 - 23.

[13] 李爱英, 张帆, 许育辉, 等. 农用大棚塑料薄膜材料的研究进展 [J]. 化工新型材料, 2014, 42 (12)：25 - 26, 37.

[14] 中国石油和化学工业协会, 全国塑料标准化技术委员会方法和产品分会. 塑料 拉伸性能的测定 第3部分：薄膜和薄片的试验条件：GB/T 1040.3—2006 [S/OL]. [2017 - 12 - 06]. https://www.doc88.com/p-9019331481396.html.

[15] 韩冬冰, 王慧敏. 高分子材料概论 [M]. 北京：中国石化出版社, 2003.

[16] 佟富强, 刘宝璋, 尹勃. 聚乙烯包装薄膜形变性能与微观结构的研究 [J]. 包装工程, 1994, 3：108 - 110, 142.

[17] 刘进华, 李大纲, 张立芳. 加载速率对低密度聚乙烯薄膜拉伸性能的影响 [J]. 包装工程, 2005, 5：91 - 92, 100.

[18] 王小满. 农业用塑料薄膜耐老化性能测试技术 [J]. 聚氯乙烯, 1999 (2)：62 - 64.

[19] 李晓刚, 高瑾, 张三平, 等. 高分子材料自然环境老化规律与机理 [M]. 北京：科学出版社, 2011：7 - 32.

[20] 韦佳程. 不同添加剂对聚乙烯棚膜应用性能的影响研究 [D]. 绵阳：西南科技大学, 2013.

"去膜（网）保架"——主动控制常年蔬菜大棚在台风中损坏的风险

0 引言

2014 年第 9 号台风"威马逊"登陆时中心附近最大风力达 17 级，成为 1973 年以来登陆我国华南地区的最强台风。受"威马逊"影响，海南北部海口、文昌等市县的农业几乎全部损毁。据海南省农业厅和三防办统计，此次海南农作物受灾面积达 244.5 万亩，其中绝收面积 58.2 万亩，畜禽死亡初步统计为 2500 万只，直接经济损失达 44.6 亿元。海南省常年蔬菜基地受灾面积达 14 万亩，其中 2 万亩大棚蔬菜，有 7000 亩大棚为毁灭性灾害[1]。高强度、高频度的台风给海南省常年蔬菜基地造成了巨大损失，极大地影响夏秋蔬菜市场的供应。

海南近年大力发展常年蔬菜基地，大棚设施的建设面积日益增加。由于大棚一次性投入较高，而目前常规大棚抵抗台风的能力较低，在台风中损坏的概率大，因此大棚保险成为农户抵御自然灾害损失的重要手段。但是农业保险本身风险较大，不可预见的因素较多，往往出现"全年保费一次赔完，巨灾面前入不敷出"的情况[2]。海南常见大棚建造成本每亩在几万到十几万元不等，远高于农作物的亩产价值。大棚保险在农业保险中所占保费低，但赔付比重却偏大，这一矛盾会导致在大灾面前保险公司通过压缩大棚保险业务避免亏损过大，最终受影响的不仅仅是大棚保险企业，更多的还是农户。

针对现状，本文提出切实可行的抗台风方案，将大棚保险由被动风险转化为主动可控，不仅有利于农户生产，同时也能促进大棚保险的持续健康发展。

1 海南设施大棚抵御风灾风险问题分析

1.1 建设投资

农业生产效益相对较低，决定了必须限制农业大棚的建造成本，不能完全根据海南台风的等级来设计和建造大棚。目前海南已建大棚对抗风等级的设计主要分为 4 个层次。一是以农业观光、育苗为主的玻璃温室。这类温室建造成本高，约为 800 元/m^2，抗风等级为 12 级，在台风情况下，一般能够保证主体骨架不损坏。二是以生产和育苗为主的生产育苗大棚。这类大棚多采用连栋圆拱形结构，薄膜（网）覆盖，抗风等级为 10 级，造价约为 180 元/m^2，能够抵御一般的台风。三是以生产为主的圆拱型薄膜（网）大棚。抗风等级一般为 8 级，造价约为 100 元/m^2，抗风能力较差。四是简易网室和防雨棚。造价约为 50 元/m^2，不具备抗风能力。在实际建设规模上，以后 3 种类型居多，其中第四种面积最大。

因此，海南已建在用大棚普遍存在抗风能力差，甚至不具备抗风能力的问题，面对海南夏秋淡季生产时频发的台风天气，发生损坏是必然的。而这样的建设问题是由农产品较低的投入产出比等客观因素决定的，所以短期内很难大规模提高这类生产大棚的建设投资和抗风等级。

1.2 大棚材料

抗风能力较差的生产大棚所用的覆盖材料多为薄膜、防虫网等，存在面积大、韧性大，但易被尖锐物体破损的特点。这些材料在台风初期易"兜风"，主体结构承担的风荷载主要就是通过大棚表面大面积的覆盖物传递的，导致大棚整体发生倾斜、倒塌；同时在主体结构发生变形破坏时，覆盖材料本身也易发生损坏，棚膜（网）与骨架均难以修复。

1.3 农户的主动防护意识

目前一部分农户为大棚投了保险，但也正是有了保险，再加上主动防御台风的知识和技术缺乏，参保农户及多数未参保农户怠于做灾前防护，这会导致灾情加剧，农户自身损失加大，保险理赔负担也会加重。

同时，也应该清楚地看到，大棚保险的费率低，如大棚框架结构及附属设施的费率仅为0.5%，而目前海南已建多数大棚几乎都不能抵抗10级以上的台风，因此大棚保险发生赔付的概率不小于露地种植的农作物，结果是赔付率远远高于其他农业保险险种，长此以往只会加重保险企业负担，进而缩减大棚保险比例，最终受影响的依然是广大从事大棚种植的农户。

2 "去膜（网）保架"抗风措施的提出

在台风中，大棚风荷载传递途径是：风荷载→大棚表面覆盖材料→大棚钢骨架→大棚混凝土基础。风荷载作为一种面分布的荷载，其作用力的大小与迎风的面积成正比。因此，大棚所受的风荷载主要来自大棚表面的覆盖。基于这样的思路，在台风来临之前，主动采取措施，将膜（网）快速去掉，仅保留大棚的骨架，迎风面积小的骨架在台风中几乎不会发生损坏，"去膜（网）"不失为海南大棚抗台风的一种简单易行的保护措施。因此分析"去膜（网）"的经济损失及其对农户、保险公司的意义显得尤为重要。

2.1 棚膜（网）在大棚造价中所占的比例分析

从海南主要大棚棚膜（网）造价占大棚总造价的比例（表1）可以看出，棚膜（网）所占的造价比例较低，最高为中档型，为7.12%。因此从经济成本来看，相对于造价更高的骨架而言，"去膜（网）保架"对海南常见大棚抵抗台风更具经济性。

表1 三种档次大棚的覆盖棚膜（网）部分造价占比分析表

大棚类型	每亩的总造价（万元）	每亩的棚膜（网）覆盖造价（万元）	棚膜（网）造价占比（%）
高档型①	11.4	0.55	4.82
中档型①	6.6	0.47	7.12
低档型②	3.5	0.24	6.86

注：①依据《海口市新增常年蔬菜基地连栋温室概算书》测算；②根据实际工程测算。

2.2 "去膜（网）保架"实施面临的困境

对农户而言，拆除棚膜（网）需要花费大量时间及人力。"去膜（网）保架"的做法使得农户感觉材料损失较大，毕竟在灾害发生之前，侥幸心理让很少人愿意这么做；而且，"去膜（网）"的前提是台风的准确预报，如果过境台风的强度低，不会造成大棚的损坏，那么"去膜（网）"就成了农户的额外负担，很多农户觉得不划算，所以不积极开展防灾准备，使得这样的措施没有执行力。农户怠于开展灾前防护措施，会导致灾情更加严重。

对保险公司而言，大棚的先天缺陷加剧了大棚在风灾面前损坏的可能性，保险公司因此要背负起较重的赔偿责任，加重企业负担，对大棚保险的积极性大大降低。而如何处理"去膜（网）"与大棚保险之间的关系也是现实中必须要面临的问题。比如，两家农户同时参加了保险。一家采取了"去膜（网）"措施而使得大棚的主体骨架得以保存，但其前期将投入大量的人力，仅能获取棚膜（网）材料的补偿，甚至可能因不符合赔付条款而得不到补偿；另一家未采取"去膜（网）"措施，大棚全部发生损毁，却可以全部获得赔偿。这种显失公平的假设却极有可能在现实生产中发生。

2.3 "去膜（网）保架"大棚保险措施的优点

"去膜（网）保架"的大棚保险措施是解决上述矛盾的钥匙。采用"去膜（网）保架"的大棚保险措施，对农户而言，"去膜（网）保架"造成的损失由保险公司赔偿，可打消顾虑，不用承担"去膜（网）"带来的损失风险，同时灾后由保险公司赔付棚膜（网），可迅速恢复生产。对保险公司而言，可以使得大棚保险控制在有限且可控的赔付区间——棚膜（网），降低企业的赔付压力，实现大棚保险的良性循环。

3 "去膜（网）保架"大棚保险措施的实施方案

3.1 不同抗风等级大棚"去膜（网）保架"的实施预案

根据台风预警信号发布的办法，按照 48 h 内发出预警信号、24 h 内发布 10 级以下的热带气旋、12（6）h 内发布 10（12）级以上的热带气旋或台风警报的相关原则，结合温室大棚的抗风等级和具体实施"去膜（网）"措施所需的时间，将"去膜（网）"措施主要分为两种情况区别对待。

（1）对于面积小，在台风预警的 48（24、12）h 内能够组织人力进行有序拆除，且薄膜、防虫网（遮阳网）质量好（单价高），正常使用寿命在 3 年以上，实际使用年限小于正常使用寿命的 50% 的情况，可组织人力拆下卡簧，将膜（网）卸下保存，尽可能保证其在拆下的过程中不发生损坏，以备台风过后重新安装利用。

（2）对于面积大，在台风预警的 48（24、12）h 内无法组织人力进行有序拆除且薄膜、防虫网（遮阳网）质量差（单价低），正常使用寿命在 1~2 年或实际使用年限大于正常使用寿命的 50% 的情况，可组织人力将膜（网）快速破除，以保证主体骨架的安全性。如采用锋利器具绑于木棍的端部，长度以温室大棚的最大高度减去操作者的高度为宜，破除时沿卡槽边缘进行，尽量保证骨架上不留存膜（网），同时将膜（网）卷起捆扎，置于安全的地方，防止台风来临时吹散，挂于棚架或其他构筑物上，造成安全隐患。

同时，由于台风登陆后，地面附属物对台风强度有削弱的作用，建议以预报的中心风力等级标准降低 2 个等级作为采取去膜（网）措施的判定依据。对于不同抗风等级和不同覆盖的大棚在不同台风强度下是否采取去膜（网）措施详见表 2。

表 2　不同大棚在不同台风强度下的去膜（网）措施实施方案表

抗风设计荷载	覆盖类型	台风48（24、12）h预报强度				
		8级	10级	12级	14级	16级及以上
A	1型					√
	2型				√	√
B	1型				√	√
	2型			√	√	√
C	1型			√	√	√
	2型		√	√	√	√
D	1型		√	√	√	√
	2型	√	√	√	√	√

注：①"√"代表应采取"去膜（网）"措施。②A 对应设计抗风荷载不小于 0.75 kN/m²（即 12 级风的中间风速）；B 对应设计抗风荷载不小于 0.45 kN/m²（即 10 级风的中间风速）；C 对应设计抗风荷载不小于 0.25 kN/m²（即 8 级风的中间风速）；D 为不具备抗风能力的其他大棚类型。③上述各类设计型大棚的覆盖物应为薄膜、防虫网或遮阳网，其中 1 型为防虫网或遮阳网覆盖的大棚，2 型为薄膜覆盖的大棚。④上述抗风设计荷载指大棚主体结构按照外表面全封闭状态所设计的结果；如采用防虫网、遮阳网作为表面覆盖材料，且在设计计算中已经考虑了防虫网、遮阳网对风阻力的折减系数，则均应根据该类型大棚 2 型所对应的台风预报强度采取"去膜（网）"措施。

3.2　建立大棚"去膜（网）保架"的"4S"保险体系

可由保险公司牵头，委托专业机构、企业共同依据政府相关部门在台风登陆之前几天发布的台风预警信息，评估台风的影响范围和影响程度，根据评估结果，对相应区域的投保农户发布"去膜（网）保架"预警信息；由农户组织人员对参保大棚的棚膜（网）进行快速拆除或破除、整理，并对可采收的农作物等进行抢收，尽量降低损失。对于参保并按照保险预警提示"去膜（网）保架"的农户进行理赔，委托专业公司进行棚膜（网）的更换和骨架的维修。对于不按预警信息采取"去膜（网）保架"等防护措施的农户，可约定免赔责任。

由于棚膜（网）占大棚的造价比例低，即使每年按 2 次台风计算，其赔付的比例仅占大棚造价的 10%～15%。从长远看，远低于目前大棚整体倒塌赔付的金额，从而将大棚保险的风险控制在可预见和可承受的范围内。对于农户而言，台风过后，由保险公司及时赔付的棚膜（网）可在短期内重新安装好，迅速投入生产，不因资金短缺或重建大棚而耽误较长的时间，可以赢得市场先机，进而填补"去膜（网）"造成的单茬作物损失；对社会而言，能够在灾后尽快获取本地的农产品，稳定市场物价，还能减少农业大棚的投资，减少社会资源浪费。

抓住棚膜（网）这个关键因素，围绕棚膜（网）建立起集信息反馈（survey）、棚膜（网）统一采购（sale）、大棚小型零配件（spare part）及维修服务（service）于一体的"4S"保险体系，是目前破解海南省大棚保险难题的最优方案。

3.3　"去膜（网）保架"保险措施的主要实施对象

常年蔬菜基地建设规模大，关系到海南夏秋淡季本地蔬菜的供应问题，对稳物价、促和谐具有重要的作用，因此建议"去膜（网）保架"以海南省重点发展的常年蔬菜基地为主要保险对象，其他类型的大棚为次要保险对象。常年蔬菜大棚设计使用年限一般在 8 年以上，建设相对于其他大棚更加标准化和科学化；常年蔬菜大棚以蔬菜作为生产对象，生产周期短，一年可达到 8 茬以上，"去膜（网）"造成的单茬作物损失能够在其他茬的生产中得到补偿。而对于棚内生长周期长、经济价值大的作物，"去膜（网）保架"的措施较难实行。

3.4　建立棚膜（网）保险和政府农机补贴对接制度

棚膜（网）属于农机补贴的范畴，研究确定不同棚膜（网）的合理正常的使用年限，将其与大棚的"去膜（网）保架"制度结合起来，在棚膜（网）正常使用年限范围内进行一次棚膜（网）的补贴，有助于进一步降低农户和保险公司的保险负担。

3.5　建立专业的大棚保险定级和定损机构

建议针对海南省大棚"去膜（网）保架"的保险措施，委托或建立专业的大棚保险定级和定损机构，主要负责从大棚的结构力学方面量化计算分析被保险大棚的抗风等级；相关人员同时还应具有丰富的大棚设计及材料和施工方面的经验，以便对大棚进行现场验收和灾后定损，确保"去膜（网）保架"大棚保险措施的正确稳步推进。

4　结语

通过对海南省设施大棚抵御风灾和大棚保险相关问题的分析，结合农户和保险公司在"去膜（网）保架"抗风措施之间的矛盾，提出采用相关大棚"去膜（网）保架"的"4S"保险体系，建立棚膜（网）保险和政府农机补贴对接制度，建立专业的大棚保险定级和定损机构等方法，为解决海南省大棚抗台风问题提供一种可行的对策，保障夏秋季大棚作物的正常生产和市场供应。

参考文献

[1] 陈婷婷. 海南琼海采取多项措施恢复灾后畜牧业生产 [EB/OL]. (2014-07-24) [2015-04-19]. http://www. hq. xinhuanet. com/finance/2014-07/24/c_1111789151. htm.

[2] 陈怡，况昌勋. 台风刮出农业险 4 大险情 [EB/OL]. 海南日报，2014-08-08（6）[2015-04-20] http://hnrb. hinews. cn/html/2014-08/08/content_6_1. htm.

第四部分 ■■■
热区设施农业工程相关政策与建议

　　过去较长的时间里，认为热区作为天然的大温室，用不着温室大棚的设施。随着设施农业的外延拓展，温室大棚已经突破"保温"的局限，能够抵御不良外界环境影响的设施都可以称为温室大棚。热区的设施农业随之得到了较快的发展，由最初的简易网棚、拱棚到功能较完善的抗台风、通风降温、遮阳防雨的连栋温室大棚。不过发展过程中面临的问题也较多。本部分内容将作者在产业发展过程中的一些思考进行了整理与汇总。主要从行业标准化、机械化、特色产业规划、人才培养等方面，结合成熟经验和海南的实际情况进行了分析与总结，提出了一些建议和问题探讨。可供热区设施农业工程领域相关政策制定、产业规划、人才培养等方面参考。

关于海南设施农业工程标准化
建设的分析与建议

　　海南省的热带设施农业近年受到广泛关注，在海南省对农业提出的"五化"要求[1]中，"农业设施化"是一个重要方面。《全国设施农业发展"十二五"规划（2011—2015年）》[2]指出，我国尚未建立完整的标准化体系，现行颁布的标准远不能满足设施农业快速发展的需求。同时也提出鼓励和支持建立设施农业装备社会化行业自律组织、经营组织和服务组织；完善设施农业监督体制，研究建立设施农业装备生产与建设企业的资质管理制度和建设监管制度。虽然我国温室面积早已稳居世界第一，但温室的标准化水平距世界先进水平却有较大的差距[3]。因此，建立设施农业工程标准化体系、规范设施农业工程建设已成为我国设施农业工程行业亟待解决的问题，对在数量上发展迅速的海南热带设施农业而言，标准化建设更是必要。

1　海南设施农业工程建设标准化体系背景分析

1.1　国际旅游岛建设的需要

　　随着海南国际旅游岛建设的进一步深化，建设热带现代农业基地已经逐渐成为推动海南省农业现代化进程的当务之急。热带季风海洋性气候特征是海南发展设施农业最大的制约因素，使得设施农业在海南的发展与内陆有着较大的区别。因此，在海南建设热带现代农业基地的过程中，应该重视"热带（高温）、台风、暴雨"条件下的设施农业发展模式的探索。

1.2　国家冬季瓜菜基地建设的需要

　　近年来海南大力推进国家冬季瓜菜基地标准化建设，如规划建设 300 万亩标准瓜菜田，新增 40 万亩冬季瓜菜基地，实施 5 个国家级蔬菜标准园，以及建立工厂化育苗基地等。这些项目的建设对海南设施农业行业发展既是良好的机遇，也是巨大的考验。如果在建设之初不能科学规划设计、建设之中不能有力监管、使用过程中不能合理指导，都将会影响到项目建设的成效，这无疑会对海南现代农业的快速、健康发展带来负面影响。纵观我国 20 世纪末设施农业行业发展的规律可知，如果项目建设的质量和使用效果差，将会直接影响到社会各界及农民对设施农业投资的热情和力度，甚至会对起步较晚的海南设施农业行业整体发展带来严重的负面影响。

1.3　海南省常年瓜菜基地建设的需要

　　近年来，为了保供应、稳物价，海南省实施了常年瓜菜基地建设项目，各市县也推出了一系列的规划建设目标。冬季瓜菜基地生产主要是利用海南冬季良好的自然条件，采用露地种植模式，应用设施的面积不会太广。而常年瓜菜基地是为了解决海南本地老百姓夏秋淡季的"菜篮子"问题，要求常年不间断供应。控高温、防台风、缓暴雨是海南设施大棚建设的主要目标。基于这样的特点，很多好的设施类型在海南应用起来"水土不服"——建设成本高、设施环境差、后期维护困难、闲置现象比较突出。这就导致本应该为老百姓"生财"的工具却成了"负担"。因此，建立适合海南本地特点的设施农业工程标准化体系，对促进海南常年瓜菜基地的快速持续发展意义重大。

综上所述，在海南实施设施农业工程标准化体系建设，既符合海南对设施农业发展的需求，又符合国家对设施农业行业的政策导向，对我国设施农业工程标准化体系的建立也是一种有意义的探索。

2 海南设施农业工程行业现状分析

2.1 政府监管

面对快速发展的设施农业，相关部门采取了很多的方式来规范和发展设施农业工程建设，部分科研机构也做了一些有益的尝试，但由于处在发展初期，缺乏全面有效的监管模式，不能很好地适应海南设施农业工程快速发展的势头。

2.2 使用业主要求

使用业主通常要求设施既便宜又好用，但过分要求降低造价势必影响工程质量，使得材料的使用寿命短，抵御自然灾害的能力差，修复和耽误生产的费用徒增，事倍功半。同时，与生产工艺不配套的设施大棚也会让使用者的积极性受到极大伤害，结果只能是"建一片、空一片、拆一片"。

2.3 设计规范

从事设施农业工程设计的人员素质参差不齐，使得最根本的设计环节得不到保障。设施农业工程作为一个新兴交叉行业，设计人员积累经验较少。同时设施农业工程的设计需要农艺及农业工程的有机结合，根据动植物的生物学特性及当地的气候特点进行配套设计。比如海南地区受台风影响频繁，风荷载对设施农业工程影响较大，有的设计不规范，随意标注风荷载大小，导致很多农户对设施大棚抵御台风的能力认识不清，在台风来临之前没有采取相关抗台风措施而使得损失扩大[4]。

2.4 施工标准

由于没有行业准入制度，不能对施工企业形成约束，使得其在承包工程的过程中具有随意性，如任意修改设计图纸，施工过程中偷工减料等，即使出现问题，也不用承担相应的责任。近年来，伴随着海南设施农业的快速发展，海南本土的农业设施施工企业如雨后春笋般出现，规范他们的建设行为是当务之急。

3 海南建设设施农业工程标准化体系可行性分析

3.1 建立特色的标准化体系，具有区域优势

设施农业工程标准化体系建设，主要是指以设施农业建设项目为主的标准化体系建设。海南地域小，气候差距较小，比较适合标准化体系的建设和推广。在海南建立以热带为特色的设施农业工程标准化体系具有先天的区域优势。

3.2 规范海南设施农业建设的时代所需

随着海南国际旅游岛建设、国家现代农业基地建设、海南农业设施化建设的推进，设施农业工程领域的建设项目逐步增加。在海南建立标准化体系，一方面可以为海南的设施农业工程建设项目保驾护航，成为海南常年瓜菜基地建设的重要保障；另一方面，也可以改变人们对海南地区发展设施农业的偏见，争取更多的发展空间。而且，符合国家对设施

农业发展规划的要求，是海南发展设施农业的时代所需。

4　海南建设设施农业工程标准化体系建议

4.1　适应海南特点的标准化图集设计是先导

根据海南的气候特征和设施的使用特点，通过调研、计算和论证，充分发掘并设计出适合海南建设的设施类型，在确定基本的结构形式的基础上，通过严格的抗风性能计算，确定在不同抗风等级条件下的结构形式和用材规格。按照设计规范要求设计出不同类型设施的施工图，同时给出材料用量清单和参考预算价格、效果图。将以上内容集结成册，统一编制，形成一套标准化方案和施工图集，以此作为标准和依据。

通过以上的标准化方案，可以让参与设施农业工程建设的各方明确任务及实施效果。因此，标准图集的设计与编制，是标准化体系建设的先导，是进行其他方面标准化建设的基础。

4.2　政府监管是核心

标准的落实需要相关保障措施，政府主管部门虽然为解决发展过程中遇到的问题做出了很多努力，但依然存在较多问题。主要原因是设施农业虽作为一项农业项目，但涉及大量的工程建设内容，完全从农业方向或工程建设方向去规范发展均有一定的难度和缺陷。基于这样的问题，可考虑成立一个专业性质的机构，来协助实现政府监管的职能，率先在政府资金项目和重点项目上实施行业监管，逐步在整个行业领域推广实施。同时也要加强行业标准规范宣传与贯彻执行，才能在建设过程中，保证标准规范的正确执行。

4.3　行业协会制度是桥梁

行业协会应明确其责任，实行项目负责制。通过举办年会、专业技术培训、施工企业技术人员再培训等系列活动，整体提高设施农业施工企业的专业素养，强化企业责任意识，服务于广大建设者。协会作为一个联系各方的桥梁，同时也提供一个专业的平台，协助实施设施农业工程标准化体系的建设。

4.4　施工企业许可证制度是保障

施工企业是工程建设的实施主体，其素质直接关系到工程建设的质量。缺乏行业准入门槛只能导致施工水平良莠不齐。农业建筑使用寿命平均为 5～10 年，如果采用建筑钢结构的施工资质标准，企业成本大，这也必将转嫁到用户身上，加大农业生产成本。因此，为了行业的健康、快速发展，可尝试在设施农业工程领域实施施工许可证制度，只要是在海南省内从事设施农业施工的企业，均需要取得许可证。许可证需具备一定条件，同时完善年审、抽查制度，这样可使施工企业在主管部门的严格监管之下，从事设施农业的建设活动。

参考文献

［1］海南省农业厅调研组. 实现海南农业"五化"的对策与建议［EB/OL］.［2012 - 09 - 12］. https://www. docin. com/p - 479365190. html.

［2］全国设施农业发展"十二五"规划（2011—2015 年）［J］. 农业工程技术（温室园艺），2011，11：34，36，38 - 39.

［3］周长吉. 我国温室标准化研究进程［J］. 中国蔬菜，2012，18：15 - 20.

［4］刘建. 热区沿海设施大棚防台措施及灾后修复方案［J］. 中国农机化学报，2014，3：103 - 108.

设施农业科学与工程专业增加设施
机械化自动化课程改革建议

0 引言

目前，设施环境中的光照、温度、水分、气体环境和药肥喷施等的调控，已逐步向精细化、专业化、智能化和高效率等方向发展。在温室内环境信息获取方面，自动化调控装置的各种传感器，准确采集设施内光、温、水、气、肥等与作物生长状况相关的参数，并经数字电路转换后传回计算机进行统计分析及智能化处理，比对作物生长发育所需最佳条件，由自动化智能控制专家系统发出指令，使相关系统、装置及设备规律运作，将温室内的光、温、水、气、肥等诸因素调控到作物生长发育的最佳环境条件。

相比传统农业，设施农业生产环境更可控，农业生产方式更易实现机械化、自动化和智能化。推进生产作业机械化和设施装备智能化离不开高校专业人才的输送，高校学科体系的建设也应紧跟时代潮流，契合行业发展趋势。教育部发文公布了 2019 年度普通高等学校本科专业备案和审批结果，华中农业大学申报的智慧农业专业获批，这是我国第一所开设智慧农业专业的院校。该专业的设置是主动服务国家新时代现代农业发展、生态文明建设、乡村振兴、绿色健康等战略需求的举措，同时对设施农业科学与工程专业课程建设具有一定指导性意义。

海南大学设施农业科学与工程专业（以下简称设施专业）是一个由园艺学、生物学、农业工程学、环境学等多学科有机结合，以现代化农业设施为依托的专业。海南大学是国内少数给设施专业学生授予工学学士学位的院校。海南大学设施专业在十多年的发展历程中，不断结合社会经济发展需要，创新培养工农结合交叉复合型人才，为服务海南地方经济建设、培养新兴工科人才、促进设施农业发展做出了重大贡献。本文针对海南大学设施专业办学现状及学科发展趋势，结合海南省地域特色及国内兄弟院校先进办学经验，提出课程改革建议。

1 设施专业增设机械类、自动化类专业课程的必要性

设施专业作为"新农科"背景下和"智慧农业"产业需求下，交叉融合学科的典型代表，要求学生在掌握现代农业园艺生物技术之余，还需掌握现代农业工程中的农业建筑、农业机械、农业电气化等相关知识体系，增设机械类、自动化类专业课程是行业发展的需要，也是人才培养的需要。

1.1 行业发展的需要

设施农业早期研究以温室结构为主，近年来则较多集中在温室环境调节和自动控制方面，但对自动化生产装备开发力度不够，致使我国当前设施生产装备技术的开发与应用水平大大落后于先进国家[1-3]。据农机部门统计，2017 年，全国设施园艺总面积为 204 万 hm²。其中，机耕设施面积为 150 万 hm²，达 74%；机播设施面积为 34 万 hm²，达 17%；机采

运设施面积为 18 万 hm²，达 9%；机械灌溉施肥设施面积为 115 万 hm²，达 56%；机械环控设施面积为 52 万 hm²，达 25%。按耕、播、收、灌溉、环控五环节综合测算，设施园艺机械化水平为 33.12%，比 2016 年提高 1.34 个百分点（其中，江苏最高，达 48%；海南最低，为 17%）[4]。连栋温室的机械化水平相对高，日光温室和大棚低。耕整地和水肥环节的机械化水平相对高，种和收环节低，环控居中。装备从基础层面升级的任务迫切[5]。

2020 年 6 月农业农村部印发的《关于加快推进设施种植机械化发展的意见》（农机发〔2020〕3 号）中，明确提出要大力推进设施布局标准化、设施建造宜机化、生产作业机械化、设施装备智能化和生产服务社会化。到 2025 年，设施蔬菜、花卉、果树、中药材的主要品种生产全程机械化技术装备体系和社会化服务体系基本建立，设施种植机械化水平总体达到 50% 以上。

与传统农机相比，设施园艺装备具有更高的精准性和更具针对性的环境协调性，在现有产品和服务无法满足产业发展的背景下，加大科研攻关力度的同时，重视人才培养，将培育有生力量摆在更加突出的位置，是具有战略意义的决策。

1.2　人才培养的需要

从学生就业角度分析，设施专业现有学科体系包括农业工程类、农业建筑环境类、农业栽培类的基本理论和技能，学生毕业后可从事现代农业设施结构设计、农业园区规划、工厂化种植、设施农业生产经营与管理等方面的工作。在此基础上，增设机械类、自动化类专业课程，使学生在一定程度上接受农业生产过程机械化工艺及相关装备的选型配套、装配制造、试验应用、设备维护、技术推广和经营管理等方面的基本训练，有助于培养适应设施机械化自动化生产应用的复合型人才[6]。

从学生考研深造角度分析，设施专业属于植物生产类，专业代码为 090106，近年来考研的热门方向为农业工程（一级学科代码 0828）、作物学（一级学科代码 0901）、园艺学（一级学科代码 0902），其中农业工程类二级学科为农业机械化工程（082801）、农业水土工程（082802）、农业生物环境与能源工程（082803）、农业电气化与自动化（082804）。增设机械类、自动化类专业课程，有助于学生完善学识结构，拓宽研究领域，为学生的科研之路创造更多选择和更多可能。

2　课程改革重难点分析

2.1　课程改革深度及针对性

目前海南大学设施专业以温室建筑与结构设计、农业设施学、设施农业工程工艺学、热工基础及流体力学、建筑概论、测量学、建筑制图、设施农业环境工程学、工程概预算、设施农业建筑施工与管理、农业园区规划与管理、设施农业节水灌溉、植物学、植物生理学、土壤肥料学、设施作物栽培学、无土栽培学、工厂化育苗原理与技术、园艺植物病理学、设施作物育种学等课程为主。专业培养方案中对于工科基础课理论力学、材料力学，专业基础课电工电子学、自动控制理论，应用型专业课农业机械化生产学等课程涉及较少，不利于学生实践能力的培养和社会竞争力的提升。

机械类、电气类、电子信息类、自动化类专业课程均自成体系，与设施专业课程架构差别甚大，直接参考借鉴的难度较大。农业机械化及其自动化（082302）专业（以下简称农机专业）属于农业工程类二级学科，课程架构与设施专业在设施农业领域有明显交叉，适合作为课程教改方向的参考。农机专业基础课以机械制图、理论力学、材料力学、电工学、电子学、液压与气动传动、发动机原理为主,专业核心课以机械设计基础、机械控制基础、机械制造基础、农业机械学、农业机械化生产学、汽车拖拉机学、农产品与食品加工机械为主。

设施机械化方向教学课程改革深度以达到设施机械化工艺及装备的选型配套、试验应用、设备维护为基本目标,设施自动化方向教学课程改革深度以达到设施装备控制、自动化仪表设备选型与应用、农业物联网及设施智能调控系统的运行管理与维护为基本目标。培养深度建议以应用为主,契合当地主流设施类型及主要经济作物品类。过深会加大学生课业负担,激发学生的畏难情绪,过浅则无改革效果。

2.2 课程分工、衔接与教学体系的细化

课程分工、教材选用、教学顺序均要遵循系统性原则,与培养目标相适相符,既无重叠也不留白,衔接得当,以利于培养目标的实现。

例如机械制图作为高校机械类专业的必修课程之一,也作为基础先修课程,对于后续开设的专业核心课程的教学至关重要。设施专业已开设建筑制图。该课程在讲授投影法的基本原理和应用的同时,侧重于建筑制图规则的介绍,教学目标以培养绘制和阅读建筑施工图、结构施工图的能力为主。由于画法几何和图学理论为制图学通用基础理论,增设机械类专业课程无需新增机械制图专业基础课,只需在原教学基础上,增加机械制图规则的介绍,标准件与常用件、零件图与装配图的教学即可。

各专业课程知识体系不可避免地存在重叠与交叉,且各专业教材的编排为适应不同高校教学侧重点,力求结构系统与内容全面。教师授课大多围绕教材由浅入深开展,课程教学如缺乏系统的规划,各任课教师之间缺乏必要的交流,教学实践中就易出现基础理论重复讲、延展内容无课时安排的局面。如开设以设施农业装备内容为主的课程,教材编排较为全面,但与当前开设的农业设施学、设施农业环境工程学、工厂化育苗、设施农业节水灌溉在知识体系上存在交叉;开设以农业机械内容为主的课程,教材编排较为深入,但涉及较多大田作物的机械类型,跨度太大,学生不易理解。设施机械化的课程开设应围绕耕、播、收、灌溉、环控五大方向,鉴于已开设环控、灌溉、采后处理相关课程,课程改革应重点围绕耕、播、移栽、收与农业信息化等方面开展。

3 课程改革建议

课程体系是人才培养方案的核心内容,其构成差异能具体、直观地体现同类专业不同高校的办学特色。为更好地突出办学特色,针对设施机械化自动化方向课程改革提出以下几点建议。

3.1 立足本地,辐射周边

正如各地由于气候条件差异,适宜的温室类型不一致,各地由于地块面积、土壤理化性质差异,适宜的农业装备类型也不一致,且各地的主要经济作物类型不一致等,在设施布局标准化、设施建造宜机化的基础上推进的设施作业机械化与装备智能化也应具备地域特色。我国北方以节能日光温室为主,华南热区以连栋塑料大棚、荫棚为主,设施机械化的发展也应重点匹配当地棚型,教学上有选择性地倾斜,这不仅有助于学生了解设施农业产业实际,也有利于学生在未来的实践实习中学以致用。

3.2　博采众长，学为己用

设施专业是于 2002 年由西北农林科技大学邹志荣教授领衔申请创办的，目前全国共有 40 余所高等院校开设此专业。第四轮学科评估中，全国具有农业工程一级博士点的高校有 24 所，也有 40 余所高校具有农业工程一级硕士点。海南大学设施专业增设机械类、自动化类相关课程，可借鉴参考其他院校办学经验。

江苏大学是国内较早开始进行设施农业领域研究的单位之一。该校农业工程学科在 2017 年学科评估中全国排名第 3 位，在设施农业生物环境智能化控制、农业电气装备与信息技术、果蔬采摘机器人以及水肥精准动态调配等多个领域处于国内领先水平。江苏大学于 2018 年 7 月在整合农业工程学科科研与教学资源的基础上建设了设施专业这一新兴农学类本科专业。该专业的成立顺应了当前国家"新工科"与"新农科"的发展需要，于 2019 年 8 月开始招生。其设施专业机械化自动化方向的核心课程开设如下：工程图学、电子电工学、农业机械学、工厂化育苗与植物工厂技术、农业机器人等。此外，学生还可以参加认知实习、工艺实习、生产实习和毕业设计等实践环节的锻炼，实践环节的课时占总课时的 30% 以上。

其他可参照的国内院校有：福建农林大学，设有设施农业控制技术与装备课程；石河子大学，设有自动化原理与控制实验课程；华南农业大学和河北工程大学等，设有农业物联网相关课程；百色学院，设有设施农业控制技术及装备、电工电子学等课程；菏泽学院，设有园艺机械工程课程。

3.3　科学规划，逐步实施

设施专业毕竟是一门涉及生物、工程、环境等多学科的综合性专业，培养能在科教、产业、管理等领域，从事现代设施农业的科研与教学、工程与设计、推广与开发、经营与管理等方面工作的复合型人才。设施装备自动化、智能化仅为其培养方向的一个分支。不可把设施专业当成农业机械化、电气化专业来培养，课程改革应避免大而全，要少而精，建议先从农业机械学、农业机械化生产学和电工电子学等学科门类入手，引导学生用现代化技术手段改善和管理设施农业生产。

农业机械学讲述农业机械的一般构造、工作过程、作用原理，农业机械的设计构思及农机试验方法、仪器与数据处理等内容。农业机械化生产学着重介绍各类作业机械化的农业技术要求，及我国不同类型区主要作物的生产条件、作业工艺体系、作业机具系统的差异，通过学习不同区域机械化体系的特点和适应性，培养学生选择、评价农业机械化生产工艺与机具的基本能力。农业机械化管理学是一门运用现代管理理论、方法和技术处理农业生产实际问题的科学，着重介绍农业机器的配备、使用、维护、技术诊断、折旧等原理和方法，及机械化生产的规划、计划、组织、控制，培养学生农业机械化宏观管理、技术管理和经济管理的能力。电工电子学作为工科非电专业必修的技术基础课程，着重介绍电工技术和电子技术的基本理论、基本定律、基本概念及分析方法，培养学生运用电工电子学理论与技术解决生产中遇到的设备、仪器方面的简单电气领域问题的能力。

4　结语

随着我国城镇化进程的加快和农村富余劳动力向非农产业的转移，劳动力成本将不断提高，我国农业发展正面临着从业人口老龄化、从业人员受教育程度偏低[7]、生产成本过高、产出率过低等一系列问题。设施农业本应凭借其高效、工厂化、周年性的生产模式和清洁、健康、适宜的工作环境吸引越来越多的年轻人加入，但限于设施农业装备落后、单位产出低、经济效益无明显优势等，当前还属于劳动密集型产业，随着行业的飞速发展，专业性人才缺口也越来越大，对我国设施农业的人才培养提出了更高的要求。

海南大学设施专业紧跟时代发展需要，目前专业培养方案中已开设 C 语言程序设计、园艺生产装备与技术、设施农业物联网等选修课程，暂未开设电工电子学、自动控制理论、农业机械学、农业机械化生产学、农业机械化管理学等课程。本专业在工科复合型人才的培养上，特色明显，但与"智慧农业"产业需求的培养目标相比还有差距。专业课程改革作为优化学科结构、创新人才培养、强化实践育人的先行举措，对于设施专业学科建设具有积极意义。

参考文献

[1] 辜松. 我国设施园艺智能化生产装备发展现状 [J]. 农业工程技术，2015（28）：46-50.

[2] 我国设施园艺装备发展现状和建议 [J]. 农机科技推广，2019（1）：27-28，30.

[3] 齐飞，魏晓明，张跃峰. 中国设施园艺装备技术发展现状与未来研究方向 [J]. 农业工程学报，2017，33（24）：1-9.

[4] 齐飞，李恺，李邵，等. 世界设施园艺智能化装备发展对中国的启示研究 [J]. 农业工程学报，2019，35（2）：183-195.

[5] 汪小旵，蔡国芳，杨昊霖. 设施农业农机装备现状与发展趋势分析 [J]. 农业工程技术，2019，39（1）：46-49.

[6] 庞真真，王旭，陈艳丽，等. 设施农业科学与工程专业工科课程综合实践教学平台建设的思考 [J]. 热带农业工程，2015，39（1）：47-49.

[7] 国务院第三次全国农业普查领导小组办公室，中华人民共和国国家统计局. 第三次全国农业普查主要数据公报（第五号）[EB/OL].（2017-12-16）[2019-05-06]. http://www.stats.gov.cn/tjsj/tjgb/nypcgb/qgnypcgb/201712/t20171215_1563599.html.

海南设施叶菜机械化生产建议

0　引言

根据市场消费习惯统计，南方地区喜食叶菜。叶菜不耐储运，需依赖本地生产。海南夏秋多暴雨，并伴有持续性高温，是本地叶菜供应的淡季。露天种植叶菜受高温、暴雨以及台风天气持续降雨而产生的积涝等不利自然条件的影响，产量和品质均无法保障，因此，夏秋季节海南本地叶菜多以设施种植为主。海南近年来重视常年蔬菜基地建设，并要求夏秋季节以叶菜种植为主。叶菜占海南蔬菜设施种植比重最大，解决叶菜生产全程机械化对于提升海南设施蔬菜机械化水平具有积极示范作用。

海南设施叶菜种植的品种主要有小白菜、菜心、生菜、空心菜、菠菜、芹菜（西芹）、油菜（上海青）、韭菜、油麦菜、茼蒿等。叶菜种植呈现种类多、茬口多、种植习惯差异大等特点，从耕整地、播种、移栽到收获都缺少统一的标准，相比大宗粮食作物更难做到机械化。

本文从设施叶菜适宜栽培模式入手，借鉴大田机械化发展的相关经验，结合海南设施蔬菜栽培特点，按耕整地、种植、植保、灌溉施肥、采收、运输等生产环节的农艺需求（海南常年蔬菜生产设施做到通风遮阳即可低成本达到环境调控的基本目标，机械环境调控在本文中暂不做讨论），介绍适配农机装备及其宜机化生产技术，以期为海南设施叶菜机械化生产集成创新提供参考。

1　海南设施叶菜栽培模式建议

设施叶菜的栽培方式主要有土壤栽培、无土栽培（基质培和水培）两种，播种方式主要有直播和育苗移栽两种。本文以符合海南实际情况的土壤直播栽培模式、育苗移栽栽培模式及大容量穴盘基质栽培模式三种栽培模式分类展开讨论。

1.1　土壤直播栽培模式

叶菜生长周期短，28～42 d 一茬，直播省时省力。土壤直播栽培是生产实践中应用最为广泛的栽培模式，在土质良好、耕层深厚的区域适宜采用此模式。引入机械化即用播种机将叶菜种子直接播入土壤中，省去育苗、移栽等程序，可节约大量人工。

精量播种技术（穴播和条播）将确定数量的种子，从种箱内分离出来，按确定的行距和株距播入确定深度的土壤内，同时覆盖厚度均匀的土壤，并进行适度的镇压，使种子获得均匀一致的发芽环境。采用机械精量播种，种子分布均匀，通风透光性好，深浅一致，且不存在苗期争水肥和间苗伤根等问题，群体长势均衡，有利于田间水肥管理和机械化采收，增产效果明显。

1.2　育苗移栽栽培模式

育苗移栽方式培育出的幼苗整齐划一，有利于培育壮苗，且幼苗期占叶菜整个生长周期的一半左右，采用集中育苗方式，茬口安排灵活，可提高土地的复种指数。海南夏季多暴雨，选址低洼的基地容易积涝，幼苗抗逆性较弱，受积涝影响较大，此种情况下采用育苗移栽的方式可在一定程度上降低灾害损失，加速恢复生产，对于"保供种植基地"可优先考虑采用育苗移栽栽培模式。

1.3　大容量穴盘基质栽培模式

土壤条件不适宜（耕层浅薄、存在污染、改良难度大的地块。如海南 2021 年提出未来 5 年规划建设 2 万～4 万亩光伏蔬菜大棚，多选址于土壤条件较差的荒地、石头地、尾矿地等）的情况下可采用大容量穴盘基质栽培模式，根据叶菜适宜株行距定制大容量穴盘，利用精量直播机将叶菜种子播入穴盘基质当中。播种后的穴盘通过转运设备平放于平整地面（铺黑色防水塑料布）或苗床架上（幼苗期为节约空间也可分层叠放），由棚内倒挂式喷灌设施实现水肥一体化灌溉。由于穴盘每格容量充足，成苗期也无须移栽，从播种至收获全生长周期均在一格穴盘内完成。大容量穴盘基质栽培模式综合了传统土壤直播与育苗移栽的优势：相比传统土壤直播，播入穴盘内更易于实现精量播种；相比育苗移栽，又可节省工序。且穴盘移动轻便灵活，即使出现暴雨积涝，架于高处也不至于造成损失。

收获是叶菜作业环节中耗费工时最多的环节，人工成本高，效率低下，往往因延时采收而让叶菜变老。叶菜收获质量的高低直接关系到叶菜品质和种植经济效益。机械化采收的前提是种植标准化，大容量穴盘基质栽培模式有利于培育排列均匀、长势整齐、形态一致的叶菜。采收时可先将穴盘固定，将成熟叶菜及基质连根拔起，抖落基质（基质一般较为松散）即可实现带根收获，也为叶菜机械化采收提供了一种解决方案，作业效率提高。

2　生产机械选择与建议

不同栽培模式下各生产阶段的机械化功能需求有一定的差异，如表 1 所示。

表 1　不同栽培模式下各生产阶段的机械化功能需求

序号	栽培模式	整地起垄阶段	播种阶段	移栽阶段	田间管理阶段	采收阶段	分拣包装阶段
1	土壤直播	翻耕、精细旋耕、平整、起垄	适应不同垄高、垄宽的精量播种设备	—	水肥一体化自动灌溉、精准喷药	能够实现叶菜原地切根采收/带根采收	对不同形态尺寸的叶菜进行分拣，码放整齐装筐；对部分大颗叶菜可进行捆扎、装袋包装
2	大容量穴盘基质	—	适应不同穴盘型号、不同种子形态（包衣种子和裸播种子）的精量播种设备	—			
3	育苗移栽	翻耕、精细旋耕、平整、起垄		穴盘苗、钵苗移栽机械			

2.1　耕整地阶段

2.1.1　设施耕整地机械与装备

耕整地环节是作物种植的第一步。耕作层的平整也是作物高效水肥管理的前提，减少杂草、提高产量的关键。设施内土壤含水量大，土壤黏结，影响出苗，耕作即可通过农机具的机械力量，疏松、扰动土壤，恢复土壤的团粒结构，以便积蓄水分和养分，覆盖残茬、肥料，减少病虫害，为作物的生长发育提供适宜的环境。

海南设施耕作机械以旋耕机、圆盘犁、铧式犁为主；设施整地机械以圆盘耙、钉齿耙、水田耙为主。旋耕机实际上是耕地、整地兼用型机械，因其碎土能力强、耕后地表平坦而得到了广泛应用。设施叶菜茬口之间的耕整地一般要经历旋耕和起垄两道工序，间或辅以深松、全面翻耕等工序。

2.1.2　设施起垄机械与装备

设施叶菜一般采用起垄栽培农艺。起垄栽培有利于排水，且垄上土壤疏松透气，可改善叶菜的通风透光性能。海南常见温室大棚开间为 4 m，跨度为 6～8 m，根据单体棚通道口设置方位，垄向可顺开间方向设置，适宜起宽平垄，垄沟宽 0.20～0.25 m，垄宽 1.2～1.7 m（1.4～1.5 m 为最佳），每跨设置 3～5垄。起垄机械主要完成松土、拢土、成型和镇压等工序，使土垄形成预定形状，满足栽培农艺需求[1]。蔬菜苗床起垄整地作业示意图见图 1。

图 1　蔬菜苗床起垄整地作业示意图
（德沃 1DZ-180）

2.2　种植阶段

设施蔬菜种子多呈小粒径、扁平化形状，叶菜种子播种前大多要经丸粒化处理，再根据直播或育苗移栽农艺需求，选择不同的机型完成播种作业。

2.2.1　设施叶菜直播技术与装备

日本矢崎公司生产的 SYV-M 系列小粒种子播种机市场应用较多。其中，SYV-M600W 型播种机（图 2）一次性可播种 13 行，播种行距为 4 cm，每小时播种 0.27 hm²。该播种机使用 12 V 电动马达助力，一次充电可作业约 3.5 h，适合蔬菜园区和种植散户使用。该播种机采用了典型的窝眼轮式排种器，窝眼轮上的型孔可根据蔬菜种子的大小、外形进行设计，可设计成单排、双排或组合式，以满足不同蔬菜的点播、穴播或条播需求。窝眼轮式播种机播种速度小于 6 km/h 时，播种质量较好，但对种子外形尺寸要求较高，种子播种前需清选分级。且排种过程中易剪伤种子，导致种子破碎，影响出芽率。

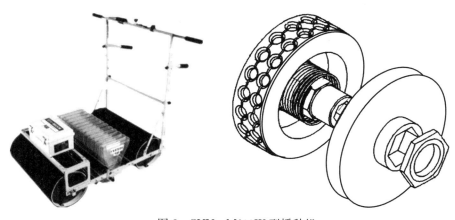

图 2　SYV-M600W 型播种机

德沃 2BQS-8 型气力式蔬菜精密播种机如图 3 所示。播种器工作时由高速风机产生负压，排种器吸种区连通负压风机。排种盘回转时，在真空室负压作用下吸附种子，并带着种子一起转动。当种子转出真空室后，不再承受负压，靠自重或在刮种器作用下落到沟内。该机根据播种不同蔬菜种子的需要，一次可完成浅层开沟、精密播种、圆轮压种、双侧覆土、整体镇压等作业工序；可以在垄上或者整地成畦的细碎土壤上播种作业，实现一机多用。该机为单苗带播种作业，行距和株距可根据需要适时调整。负压吸种、正压吹杂，实现高速精密播种，防止出现空穴漏播现象。

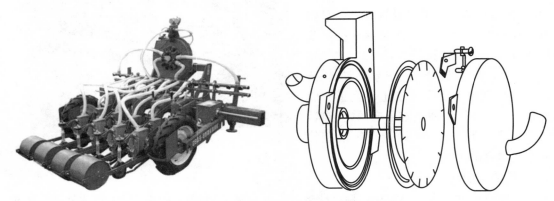

图 3 德沃 2BQS-8 型气力式蔬菜精密播种机

随着播种技术不断更新，更节省蔬菜种子的种绳直播逐渐推广开来。该技术装备可实现精密播种且节省种子，播种过程主要有种子处理、丸粒化、种子编织和田间直播作业等环节，涉及的装备有种子丸粒机、种丸种子编织机和种绳直播机。机械装备及播种效果如图 4 所示。

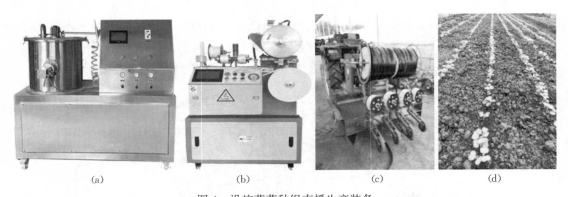

(a)   (b)   (c)   (d)

图 4 设施蔬菜种绳直播生产装备

(a) ZW-330 型种子丸粒机 (b) 种丸种子编织机 (c) 种绳直播机 (d) 种绳直播效果

2.2.2 设施蔬菜穴盘播种技术与装备

当前蔬菜种子穴盘播种技术与装备已较为成熟，国内已有多种精密播种设备供推广使用，如北京市农业机械研究所研制的 2BJOP-120 型穴盘育苗精密播种机、华南农业大学研发的 2BS-6 型气力式蔬菜穴盘精密播种机、农业农村部南京农业机械化研究所研发的

2BS8-D型气吸式穴盘育苗精量播种机、江苏省农业机械技术推广站研发的2BSJ-4型蔬菜精密播种机、上海康博2BS-JT13型精密蔬菜播种机、上海璟田2BS-JTI0型精密蔬菜播种机[2]等。

　　2BS-6型气力式蔬菜穴盘精密播种机生产线（图5）已通过广东省科技成果鉴定，产品的主要技术性能达到国内领先水平，其中在正负气压端面换气技术方面达到国际先进水平。该生产线由基质搅拌系统、上土系统、装盘系统、压穴系统、播种系统、覆土洒水系统组成。该生产线具有6大优势：①操作简单，全自动控制，2～3人操作即可；②播种精确，合格率达97％以上；③效率高，每小时可播种高达600～900盘；④不易堵塞，带有自动清洗装置；⑤适配性强，可根据客户要求配置使用50、60、72、105、128、200孔等规格的塑料、泡沫穴盘；⑥适用范围广，适用于蔬菜、烟草、花卉等直径在0.3～3.0 mm的各种形状种子的播种。

图5　2BS-6型气力式蔬菜穴盘精密播种机生产线

2.2.3　设施叶菜移栽技术与装备

　　移栽机所栽植的秧苗种类有裸苗（无土苗）、营养钵苗等。其中，裸苗难以实现自动供苗，基本上是手工喂苗；而营养钵苗，由于采用育苗箱供苗，较容易实现机械化自动喂苗。按秧苗种类分类，移栽机分为裸苗移栽机和钵苗移栽机；按栽植器的形式又可分为链夹式、钳夹式、挠性圆盘式、吊篮式、导苗管式和带式等移栽机。移栽机工作时应满足以下农业技术要求：①作物株行距和栽植深度需均匀一致，并符合作物的要求；②保证蔬菜秧苗基本上垂直于地面，倾斜度不超过30°，无窝根现象；③避免伤苗；④无漏植和重植。

　　较为成熟的穴盘苗移栽机为日本洋马PF2R型乘坐式全自动蔬菜移栽机[3]（图6）。机具可完成取苗、开孔、落苗、覆土、镇压等作业工序，实现全自动蔬菜移栽；具备标准化可卷曲专业育苗盘。作业条件：①苗高40～100 mm、叶龄3～4叶、盘根良好的叶茎类蔬菜钵苗；②移栽泥面土块颗粒粒径≤40 mm、作业面无杂草、土壤含水率不大于25％的起垄或平地移栽；③育苗托盘尺寸（长×宽×高）为590 mm×300 mm×44 mm，30 mm（孔径）/128孔（孔数）、25 mm（孔径）/200孔（孔数）两种可卷曲标准盘。

　　较为成熟的钵苗移栽机为东风井关2ZYZ-2型蔬菜移栽机（图7）、亚美柯2ZS-2型全自动钵苗移栽机、日神VPA-2型鸭嘴式全自动蔬菜钵苗移栽机、火绒2ZBX系列苗移栽机[4]。

（弹性弯曲）

（a） （b） （c） （d）

图 6 洋马 PF2R 型乘坐式全自动蔬菜移栽机

（a）整机 （b）自动取苗装置 （c）专用苗盘 （d）标准苗

图 7 东风井关 2ZYZ - 2 型蔬菜移栽机

2.3 植保阶段

设施内相对隔离、清洁无污染的生产环境隔绝了大量病虫害，已大大降低了生产对农药的需求量，大面积、高频率喷药作业的情况在海南常年蔬菜基地已较少出现。当前生产上较为常见的是人工背负电动喷壶[5]（半机械化方式）对局部病虫害感染区域实施打药作业。

为进一步保护生态、减少农药使用量，相关学者开展除草剂单点精准喷施技术与装备的研发，如图 8 所示。采用高分辨率相机对作物和杂草进行识别，采用喷射式除草末端，根据视觉识别结果，定点、定量地喷洒化学除草剂，既降低了成本，又保护了环境。

图 8 悉尼大学研制的基于机器视觉的单株杂草除草剂喷施装置

近年来，国内外研究人员积极开展有益于环境保护、可促进农业持续发展的除草技术和设备的研究，以减少或取代被广泛使用的、对环境有害的化学除草剂。机械除草技术是一种备受关注的非化学除草技术，尤其是智能株间机械除草技术与装置[6]。

株间机械除草技术可在不使用除草剂的条件下实现株间除草，其装置如图9所示。通过安装在除草装置上的摄像头进行图像获取，利用2G-R-B方法对作物的RGB（三原色，指红、绿、蓝）彩色图像进行灰度化，再选用Ostu法二值化、连续腐蚀和连续膨胀等方法对图像进行初步处理，实现株间机械除草装置作物识别、定位，并自主避让作物，进入株间区域，通过苗间除草铲破坏杂草根部结构，阻断其与土壤的固结及养分、水分通道，最终实现株间精准除草。

照明　　摄像机 行间除草铲　　苗间除草铲

图9　基于机器视觉的液压株间机械除草装置

2.4　灌溉施肥阶段

叶菜鲜活，需水量高，生长期对水分极为敏感，灌水不足会造成发育迟缓、产量下降，灌水过多、不均又容易出现烂根现象。倒挂式微喷灌是叶菜种植最常用的灌溉方式。倒挂式微喷灌相比滴灌适应性强，防堵性能好，灌水均匀，且不影响机械化耕作，适宜育苗及叶菜灌溉使用。

以固定式微喷灌系统为例，一套完整的系统包含水源、首部枢纽、供水管网、微喷头（又称灌水器）、自动控制设备五部分。温室灌溉工程设计时首先根据作物类型及灌水定额确定灌溉需水量，海南地区种植蔬菜日灌溉量可按 $3\sim5\ mm/m^2$ 计。地表水水质无法保证的情况下，推荐采用地下水灌溉，建设中转蓄水池以实现夜间蓄水、日间灌溉。根据灌溉工艺要求选择灌水器及其安装方式。灌水器一般选用旋转式半雾化喷头灌水器，单喷头灌水流量为 $80\sim130\ L/h$，湿润半径 $R\geqslant2.5\ m$，额定工作压力为 $0.15\sim0.20\ MPa$。为获得良好的灌溉均匀度，灌水器布置间距一般为 $3.0\ m$。喷头倒挂安装于温室大棚横梁上，工作面无交叉可避免对栽培机械化作业产生干扰。依据经济流速选择合适的输水管径，并依据所需流量、扬程（考虑管道沿程损失、局部水头损失、首部水头损失、高差等）、功率等参数进行泵的选型，最后根据设计灌水周期、一次灌水延续时间制定轮灌工作制度。

近年来海南建设的温室大棚均要求配备水肥一体化设施，将肥料以液体的形式在灌水的同时提供给作物，施肥均匀，养分均衡，省工省力，节水节肥。相比只承担灌溉功能的微喷灌系统，水肥一体化微喷灌系统在首部有明显区别：除水泵、过滤设备、各类仪器仪表外，增设肥料罐（或施肥器）和酸碱度调节液。市场已有较为成熟、型号齐全、品牌多样、成本低廉的国产水肥一体化微喷灌全套设备。

2.5 采收阶段

据农机部门统计，2017 年我国设施园艺机采运面积为 18 万 hm^2，占设施园艺总面积的 9%，低于机播（17%）、机械环控（25%）、机械灌溉施肥（56%）、机耕（74%）环节的比例[7]。采收环节作为设施园艺劳动最为密集的生产环节，随着劳动力成本的不断攀升，也成为矛盾最为集中、机械化需求最为迫切的生产环节。打通叶菜种植全程机械化"最后一公里"，需要标准化的种植模式与匹配的机械协同作用。

2.5.1 土壤栽培模式

上海世达尔现代农机有限公司新研制的带有自动仿形功能的 4MD-120 型叶菜收割机，可完成茼蒿、鸡毛菜等绿叶蔬菜的收割作业，试验结果均符合上海市企业标准要求。其中，超茬损失率为 1.2%，重割率为 0.335%，漏割损失率为 2.25%，净菜率为 98.2%。

该机主要由手扶行走底盘、输送带机构、切割装置、自动仿形装置、电气控制系统等部分组成，如图 10 所示。作为关键部分的电气控制系统，主要以绿色环保的锂电池为动力源，由底盘驱动电机、输送带驱动电机、切割器驱动电机、角度传感器、处理器、线束及控制元件等组成。割台的前后、左右均安装仿形装置，通过仿形探针的变化来获取地面的高低信息，信号被传送到处理器，处理器发出升降指令并将指令传输给左、右电动推杆，完成左、右高度自动调节，克服畦面高度不一致的弊端。

图 10 4MD-120 型叶菜收割机

2.5.2 大容量穴盘基质栽培模式

大容量穴盘基质栽培模式容易实现种植标准化，培育排列均匀、长势整齐、形态一致的叶菜，有利于采摘机械化。作者认为，当前针对大容量穴盘基质栽培模式还未有针对性的农机装备投放市场。本文提供一种解决思路（研究方向）供各位专业人士共同探讨：采收时先固定穴盘，利用机械臂将成熟叶菜及基质连根拔起，抖落基质（基质经消毒后重复利用）以收获叶菜。基质一般较为松散，对作物根系的固结力弱于土壤，针对此模式研制出的装备和采收工艺易于复制，推广过程中不易受各地土壤条件影响。

2.6　运输阶段

2.6.1　分拣包装机具与装备

叶菜不耐储运，分拣包装为保护农产品、降低采后损失的必要措施。分拣可以让叶菜更加清洁整齐，剔除杂草及已损伤叶菜，保留长势良好、利于保存的完整叶菜。人工采收叶菜时分拣环节主要在田间进行，机械采收时可集中在田头冷库和车间完成。

当前分拣环节主要依赖人工，尚无较成熟的农机装备投放市场，本文提供一种解决思路（研究方向）供各位专业人士共同探讨：研制设施蔬菜有序排列物流系统，对无序收获的叶菜进行有序梳理；采用多目视觉系统融合卷积神经网络等算法，精确识别菜头和菜根，获取三维空间定位与空间坐标变换数值；采用伺服电机控制机械手臂，实现蔬菜整体任意角度的旋转，最终达到有序输送，为自动化包装后续流程做准备。

当前市场已有成熟的包装机械，由送膜机构、物料输送机构、制袋装置、封口机构、控制箱组成[8]。通过变速箱对伺服电机进行减速增扭，再经带轮传动实现机器运转，仅需人工投料即可完成机械化包装、封口、称重、贴标等一系列操作。

2.6.2　果蔬冷链运输装备

果蔬冷链物流运输的保鲜技术主要包括温控保鲜技术和气调保鲜技术。其中温控保鲜技术较适宜短距离运输的叶菜等生鲜食品，使叶菜在运输、储藏的过程中始终处于规定的低温条件下，降低叶菜的生理呼吸强度，抑制微生物的滋长，以减少腐败变质、降低损耗。配合田头冷库及冷藏货架，可实现叶菜从采收至销售全产业链的降损保鲜。

当前海南冷链物流行业涉及生鲜果蔬、水产畜禽、医疗药品等，全省已初步形成以海口、三亚、澄迈为枢纽，遍布 18 个市县的冷链物流基础设施网络。

3　结语

据农机部门统计，2017 年全国设施园艺机械化水平为 33.12%，且江苏最高，达48%，海南最低，为 17%[7]。2021 年海南用于常年蔬菜种植的温室大棚保有量已达 15 万亩，设施化程度达到 26.7%（其中大部分为简易网棚），较低的设施机械化水平严重制约了当地蔬菜产业的发展。本文从设施叶菜适宜栽培模式入手，借鉴大田机械化发展的相关经验，按耕整地、种植、植保、灌溉施肥、采收、运输六大生产环节的机械化需求，介绍适配农机装备及其宜机化生产技术（对于成熟的机械化生产环节），或者提出科学匹配的农机功能需求（对于不成熟或缺失的机械化生产环节），以期为海南设施叶菜机械化生产集成创新提供思路。

参考文献

［1］高庆生，胡桧，陈清，等．我国设施蔬菜机械化起垄技术应用现状及发展趋势［J］．中国蔬菜，2016（5）：4-7.

［2］张静．气吸滚筒式的小粒扁平种子精量播种机理研究［D］．广州：华南农业大学，2017.

［3］杨先超，马月虹．设施内蔬菜机械化育苗移栽的现状与发展趋势［J］．农机化研究，2022，44（7）：8-13，32.

[4] 冯健，吴传云，管春松，等．我国叶菜类蔬菜种收主流机型作业效果综合评判［J］．中国蔬菜，2021（11）：12-16.

[5] 刘德江，龚艳．设施农业施药技术装备机械化研究进展［J］．农机化研究，2017，39（5）：6-11.

[6] 胡炼，罗锡文，张智刚，等．株间除草装置横向偏移量识别与作物行跟踪控制［J］．农业工程学报，2013，29（14）：8-14.

[7] 农业农村部规划设计研究院设施农业研究所．我国设施园艺装备发展现状和建议［J］．农机科技推广，2019（1）：27-28，30.

[8] 袁飞，周文彬．枕式果蔬食品包装机的设计与试验［J］．食品工业，2020，41（4）：195-198.

海南热区温室工程产、学、研现状与
面临问题探讨

1　海南热区温室工程产、学、研现状

1.1　总体发展现状

过去人们认为，海南是天然大温室，用不着温室大棚设施。事实上，在国际旅游岛建设进一步深化，海南国家冬季瓜菜基地与海南常年瓜菜基地开始建设的背景下，温室大棚设施对海南的重要性逐步显现。

海南作为我国最大的热区之一，其"热带"的特点将是海南发展设施农业的独特之处。温室大棚设施在海南的发展与内陆有着很大的不同，因此可以直接拿来用的经验比较少。海南地区的高温高湿、台风、暴雨等气候特点是发展设施农业的最大制约因素。因此，探索高温高湿、台风、暴雨条件下的设施农业发展模式在海南应该得到足够重视。

海南规模化发展设施农业起步较晚。自 2000 年以来，在有关项目资金的支持下，海南温室大棚栽培瓜菜面积逐年增加，大棚种植的作物由单一的哈密瓜，发展到蔬菜、花卉、食用菌及部分热带果树，大棚设施栽培的地域也从南部几个市县向全省扩展。图 1 展示的是我国最南端的温室。特别是近两年来，在现代农业生产发展资金补贴的推动下，海南温室大棚栽培瓜菜的面积不断扩大，截至 2011 年年底，全省温室大棚设施栽培瓜菜面积达到 18 万亩。

图 1　我国最南端的温室（海南西沙永兴岛）

1.2　基于海南热区气候特点的主要温室大棚类型介绍

目前在海南使用范围较广的温室大棚类型主要包括：简易圆拱型连栋大棚、平顶荫棚（网室）及部分锯齿型连栋温室。PC 板及玻璃覆盖的文洛型温室仅限于部分科研、观光、育苗等使用。

简易圆拱型连栋大棚按照其覆盖材料和局部通风措施的不同，又分为不同的使用类

型：防雨棚、防虫网室、防虫荫棚等（图2）。防雨棚由于四周采用防虫网，同样具有防虫功能；防虫网室除具有防虫功能以外，顶部保留圆拱形结构，能够在暴雨时缓冲雨水对叶菜的冲刷，兼具一定的防暴雨作用；防虫荫棚既具备防虫网室的优点，同时又具有遮阳作用，能够为夏季瓜菜类蔬菜生产创造良好的光热环境。正是由于这类温室大棚灵活多变、适应海南地区的气候特点、造价低，使得其推广使用的面积最大，成为目前海南温室大棚的主流类型。

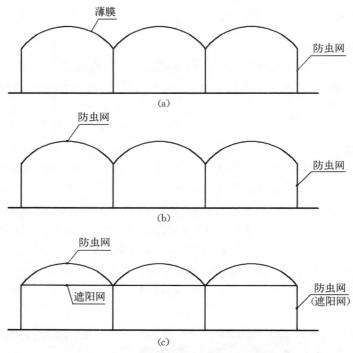

图2 简易圆拱型连栋大棚主要类型演变
（a）防雨棚 （b）防虫网室 （c）防虫荫棚

同时，高温是制约海南地区温室大棚夏季使用的又一大障碍，特别是屋顶为薄膜覆盖时，内部集聚的高温严重影响作物的生长。海南地区在温室大棚建设使用的过程中，逐步形成了以自然通风形式为主的通风降温措施。海南地区的温室大棚四周立面多为防虫网覆盖或卷膜开窗，因此通风的主要区别在于屋顶的通风形式。图3所示屋脊通风帽式、屋脊锯齿式、屋肩通风口式等屋顶通风形式在海南地区较为常见，其中屋肩通风口式在三亚及周边地区应用普遍。

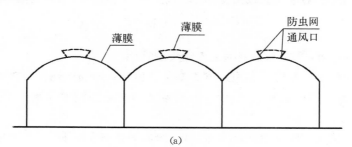

（a）

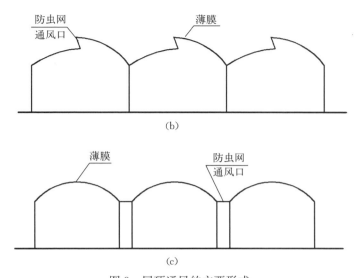

图 3　屋顶通风的主要形式

（a）屋脊通风帽式　（b）屋脊锯齿式　（c）屋肩通风口式

2　设计施工过程中应注意的主要问题

如前所述，海南地区独特的气候和地理特点决定了温室的设计与建造不能直接照搬内陆，特别是北方地区的温室设计。也正是由于这样的原因，海南地区建造的温室大棚在材料的几何尺寸、结构形式、材料性能选择和结构抗风等方面出现较多问题。

2.1　天沟的设计问题

目前海南多处温室出现天沟截面小、排水不畅的问题。主要原因是海南的降雨强度大，如海口地区降雨强度 $q_5 = 15100$ [L/(s·hm^2)]，但部分设计和施工单位并没有严格按照海南地区的降雨量及相应的温室结构几何尺寸进行计算，而是简单地沿用北方少雨地区的天沟截面和形状。同时海南地区的常年温度较高，温室内部结露现象基本没有，天沟截面形状可考虑设计为平底形式，以方便节点设计，减少加工量，降低成本。集露槽同样也没必要采用。笔者曾遇到在三亚地区建设的育苗温室采用集露槽设计，这是没有仔细考虑本地区气候特点而出现的问题。

2.2　材料的腐蚀与老化问题

海南地区的光照（紫外线）强，材料老化快，特别是在温室金属结构受热后局部高温和外界紫外线的双重作用，更加快了材料的老化速度，因此增强材料的抗老化性能，特别是局部抗老化措施显得尤为重要。

薄膜、防虫网、遮阳网等材料在卡槽处的这方面问题尤为突出，如薄膜沿卡槽边局部老化破坏（图 4）。主要原因在于薄膜等材料因张紧而紧贴卡槽，卡

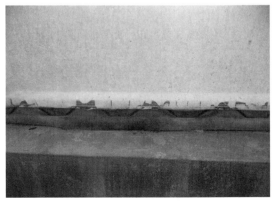

图 4　薄膜沿卡槽边局部老化破坏

槽受热后加快了材料的局部老化，卡槽处也是荷载作用下的主要传力部位。因此，沿卡槽处的膜、网破坏现象在海南地区比较突出。

另外，高温、高湿的气候特点也极易诱发薄膜及防虫网出现青苔的现象，影响温室内部的采光。海南北部部分地区的温室使用不到一年时间，此现象就已非常严重。

2.3 结构抗风问题

独特的海洋气候特点，使得海南地区遭遇台风的概率大大增加。冬季温暖少雨，蔬菜等作物可不依赖温室大棚而进行大规模生产；而夏季的频繁暴雨使得露地蔬菜生产困难，蔬菜的供应主要依赖省外输入，一旦遭遇台风，运输中断，将面临"无菜可吃"的局面。因此海南常年瓜菜基地的建设离不开温室大棚设施，在台风时期设施的作用尤为明显。如何实现经济、合理的抗台风措施（结构形式）已成为海南未来大规模发展常年瓜菜设施不可绕过的技术难题。探索经济、合理的抗风措施，保障本地蔬菜的常年生产已成为当务之急。

2.4 温室工程企业情况

据不完全统计，海南本土从事温室工程行业的企业有十余家，多为近年随着海南设施农业的快速发展而成长起来的，多数面临经验少、底子薄、技术不成熟等较多问题，发展的空间还很大，需要社会各界的共同努力。

3 设施农业人才培养与科研现状

3.1 人才培养现状

目前海南开设设施农业相关专业的院校仅有海南大学，即海南大学园艺园林学院设施农业科学与工程系。专业开办之初如同多数院校一样，主要是从蔬菜栽培等专业方向转型而来。近几年，海南大学的设施农业科学与工程专业加大了设施工程方向建设。通过努力，目前基本实现了设施栽培和设施工程两个方向的融合，培养方案中工程方面的课程占到50%。

目前开设的温室工程方面的主要课程包括工程制图、测量学、CAD、建筑结构与构造、设施农业工程学、农业建筑学、温室设计与建造、温室灌溉、农业园区规划、设施农业工程概预算等。同时学校注意加强实践教育环节，学生大四一年以毕业论文、毕业实习等实践教育为主。

3.2 科研现状

目前海南地区从事设施农业科研的单位主要有三亚市南繁科学技术研究院（海南省热带设施农业工程技术中心）、海南省农业科学院蔬菜研究所、海南大学园艺园林学院、中国热带农业科学院等，科研力量正在逐步壮大。

4 海南热区温室工程面临问题探讨

4.1 设计方面的问题

设计问题在方案阶段、施工图及加工图设计阶段均存在。设计不遵照规范随意出图，结构未经计算或未附结构计算书，大量构件尺寸明显偏小；斜撑设置不足或不合理，有的斜撑明显不吃力，有的用压杆做斜撑，还有变截面斜撑等，都直接导致棚室的抗风能力差；棚室结构构件连接节点设计存在缺陷，为采用螺栓现场连接而削减承力构件截面面积的事例随处可见；防虫网选择不合理，网眼目数过高直接影响棚室的通风降温，尤其是沾染尘土或生长苔藓后，防虫网几乎失去其通风能力；薄膜选用不当，多采用内陆通用的耐候功能膜，外表面很容易滋生苔藓，严重降低光线透过率。其主要原因在于部分企业缺乏完整的设计能力。

4.2　材料加工方面的问题

海南在温室材料方面加工能力差，没有专业从事温室材料加工及热镀锌的企业，导致大量的加工材料依靠岛外运输，由于运输距离及管理问题，往往材料成本增加，材料的质量和加工精度也难以保证。如遇到一些量少或损耗需补充的构件，更是让工期与成本难以控制。

4.3　施工方面的问题

由于工厂加工、现场组装的施工方式对加工设计的能力要求较高，相关企业缺乏相应的专业技术人员，加工设计能力差，同时又要控制材料成本，现场焊接成为常采用的施工方式。这也是目前海南地区温室大棚施工方面存在的最严重的问题。

4.4　发展理念、模式方面的问题

可以看出，目前海南温室行业还是采用快速、粗放的发展模式，处在探索前进的初级阶段，缺乏专业人才、积淀深厚的企业和成熟的使用者（建设业主）。

但也应该看到海南地区发展设施农业的有利方面：具有独特的地理位置、气候特点，种植特点统一，非常有利于温室标准化建设的实施。建议根据海南的气候特点和使用特点，通过调研、计算和验证，充分发掘并设计出适合海南建设的温室大棚类型，按照标准规范设计出不同类型温室大棚的专业施工图等，形成一套标准化方案和施工图集。

通过以上的标准化方案和施工图集，可以让从事设施农业领域的各方明明白白，做到心中有底。

（1）在设计阶段，可避免不切实际地夸大性能，盲目选择。

（2）在施工阶段，可以降低材料成本，验收有标准，责任有依据。

（3）在使用阶段，可以根据设计的抗风等级合理安排生产和采取临时措施，避免造成生产上更大的损失，甚至人身伤害。

海南五指山地区高山蔬菜发展
规划建议与产业对策

海南省位于中国最南端，年平均气温为 23~26 ℃，年均降水量在 1600 mm 以上，长夏无冬，属热带季风海洋性气候，光温充足，素有"天然大温室"的美称，是全国人民冬季的"菜篮子"。然而，夏季，海南蔬菜供应却严重依赖岛外。据统计，海南每年从岛外调进的蔬菜超过 100 万 t[1]，长途运输使得海南夏季菜价居高不下[2]，一旦遇上灾害性天气，价格更是无法预测，且品质与数量都难以保证。随着人民生活水平的提高和海南省国际旅游岛建设的启动，在海南生活或旅游的人们对高品质蔬菜均衡稳定供应的需求日益提高。为了解决夏季海南本地菜"缺位"的难题，五指山地区适时在山区试种"高山蔬菜"。

所谓高山蔬菜，即选择在海拔 600（800）~2200 m 的山区进行规模化、商品化蔬菜生产的一种方式[3]，是一种"反季节"、绿色无公害的蔬菜生产模式，具有技术简单、资源丰富、设施简易、投资少、见效快、产量高和品质好等特点。实践证明，高山蔬菜已经成为反季节蔬菜生产的重要组成部分，是一个具有较高经济效益，能够带领山区农民脱贫致富的朝阳产业[4-6]。

推动发展以海南五指山为中心的中部山区高山蔬菜产业，可充分利用五指山高山夏秋凉爽的气候、便于排水的地势、污染少、昼夜温差大等各项有利条件，在海南地区夏秋淡季进行无公害、绿色蔬菜生产，对于缓解海南本地夏秋季节由台风、暴雨、高温等自然因素造成的蔬菜供应难问题，能够起到重要的补充作用。其市场前景稳定，经济效益显著，同时促进海南中部山区经济发展，推动当地新农村建设。

1　五指山发展高山蔬菜的优势条件

1.1　自然优势条件

五指山位于海南岛中部，主峰在五指山市境内，是海南省最高的山脉，素有"海南屋脊"之称。五指山主峰海拔为 1867 m，山脉延及五指山、琼中、保亭、陵水等 4 个中部山区市县，地理位置优越。随着"中线高速"的开通，其交通将更加便利，对于辐射带动发展中部山区的高山农业具有重要意义。

五指山属热带山区气候，冬暖夏凉，夏季最热月平均温度为 26 ℃，较周边的万宁、三亚等地低 2.5~2.8 ℃，且不受寒潮侵袭，台风影响较小。土壤组成以中酸性喷出岩为主，加上历年植被的枯枝落叶腐烂，土壤较肥沃，适于蔬菜等农作物生长。海拔高，纬度低，森林密布，光、热、水资源丰富，因此，对海南本地而言，在五指山地区发展高山蔬菜，具有较好的自然条件优势。

1.2　社会优势条件

五指山市相关部门高度重视高山蔬菜产业发展，出台了《五指山市农业发展规划》（2010—2020 年）等一系列文件，相关的扶持力度也较大。目前，五指山已在部分乡镇建立了高山蔬菜生产示范点。2012 年 5 月，五指山市人民政府发布实施了《2012 年五指山市常年高山蔬菜基地建设实施方案》，提出当年建设目标为全市新增高山蔬菜基地面积 33.4 hm²，力争高山蔬菜基地面积达到 205 hm²，总产量超过 3 万 t。

2　发展现状

　　五指山高山蔬菜生产通过试点已取得初步成效，并得到了一定的推广，在南圣、水满等乡镇形成"公司＋农户"模式的规模化生产基地，如图 1、图 2 所示。但是，发展的过程中也面临着一些问题。

图 1　水满村高山蔬菜生产基地　　　　图 2　方响村高山蔬菜生产基地

2.1　生产规模化程度低

　　五指山高山蔬菜目前主要分布在南圣、水满等乡镇，受技术和市场等多方面因素影响，生产的规模化程度低，发展遇到瓶颈，特别是生产技术方面的缺乏，使得高山蔬菜品质不均衡、上市时间不能精确控制，供求关系失衡，公司、农户的生产积极性受到一定的打击，长此以往，必将影响高山蔬菜产业的发展。

2.2　设施栽培应用少，科技含量不高

　　在五指山高山蔬菜生产基地中，露天或简易设施种植依然是主要的生产模式；设施栽培面积比例低，喷灌、滴灌等措施很少应用；传统的管理、灌溉模式使得工人的劳动强度大。这些都使得五指山高山蔬菜标准化程度低、科技含量不高，品质难以进一步提升。

2.3　市场、物流等销售体系不健全

　　由于生产标准化程度低，规模不大，难以形成市场与品牌优势，市场与品牌的认同感尚需建立。同时，包装、保鲜、冷藏和加工能力更是由于标准化、规模化程度低而难以形成体系。

3　发展目标

3.1　初期阶段

　　充分整合五指山地区现有高山蔬菜生产基地，通过资金和技术的投入，探索出五指山高山蔬菜高效、规范、标准化生产的基本模式；通过引入有技术和资金实力的龙头企业，建立高山蔬菜生产的示范基地，带动其他企业的高山蔬菜生产，使得"公司＋农户"等多种生产模式得到快速发展，初步树立"五指山高山蔬菜"的品牌，为进一步发展奠定基础。

3.2 发展阶段

进一步扩大高山蔬菜种植面积，主要利用现有适宜耕地。在扩大种植面积的同时，更加注重高山蔬菜单位面积产量和品质，以期在有限的土地上实现更大的产值。通过 5 年左右的发展，把五指山建成海南省高山蔬菜的核心产地，在海南省乃至全国打造出"五指山高山蔬菜"品牌，并结合五指山丰富的旅游资源，打造以展示高山蔬菜生产过程与热带特色农业，以体验、休闲为宗旨的观光农业旅游项目。

4 区域布局

根据五指山地区地形地貌分析和实地考察，五指山适合发展高山蔬菜的地区集中在水满乡、南圣镇、冲山镇和畅好乡等 4 个乡镇。选择海拔在 500 m（海拔 400 m 以上，温、光、热、土壤等自然条件适合的区域亦可）以上、适合高山蔬菜种植的区域重点展开和推广高山蔬菜基地的建设（表 1），逐步形成设施好、品质优、科技含量高、无污染的高山蔬菜种植基地。每个乡镇发展 167 hm² 左右，实现 5 年之内五指山地区的高山蔬菜实际种植面积达到 667 hm² 以上这一规划发展目标。

表 1　五指山适宜发展高山蔬菜地区基本情况调查表

水满乡			南圣镇			冲山镇			畅好乡		
地点	面积 (hm²)	海拔 (m)	地点	面积 (hm²)	海拔 (m)	地点	面积 (hm²)	海拔 (m)	地点	面积 (hm²)	海拔 (m)
番应村	19.42	540～600	毛祥村	39.93	497～515	南定村	8.15	694～770	牙白	24.83	631～727
番雅	66.65	610～700	什牙田	15.57	470～490	太平村	13.16	616～689	什哈	16.09	613～650
什胆猴	14.66	555～610	同甲	12.55	457～470	什祖村	16.80	698～740	木吴	27.24	699～731
马那岭	3.12	580～610	万成	34.01	470～492	番赛	10.05	716～718	番通	21.06	438～484
番响村	29.57	580～740	什车	9.54	475～478	草好村	14.52	701～758	番道	15.34	420～523
毛教	14.77	580～610	什洪	24.59	470～510	草仁村	9.40	660～725	田坝	4.64	683～686
水满村	14.82	600～611	牙丛岭	3.58	550～570	番曼	37.55	598～707	毛招	19.63	536～574
毛坡坝	3.98	689～699	新春村	10.26	455～622	青年农场	31.90	791～826	什冲	24.11	401～492
足产村	5.98	588～602	苗村	7.00	575～587	南天村	8.47	770～892	番茅	9.15	397～438
合计	173.0		什泉	9.48	436～455	送祖村	15.94	575～782	合计	162.1	
			合计	166.5		合计	165.9				

注：总面积为 667.5 hm²。

通过高山蔬菜基地的带动，集中连片发展，形成各具特色的高山蔬菜生产带，突出抓好主导品种，如小白菜、菠菜、生菜等常见叶菜品种，适度发展西芹、小香葱等品种，并且通过品种的选择和茬口的安排，实现市场均衡供应。

5 产业发展对策

5.1 合理规划布局，强化基地建设

在发展高山蔬菜的过程中，应坚持因地制宜、分类指导、突出特色的原则，科学合理地配置资源。加大产业结构调整力度，基地建设以市场为导向，突出特色，逐步建立产品

结构比合理、应变能力强的高山蔬菜产业体系。

5.2 完善运行机制，强化服务体系

健全和完善社会化服务体系，加强科技服务。逐步建立起专业化服务与企业化经营相结合的服务体系，是五指山高山蔬菜健康发展的重要保证和原动力。

5.3 生态环境保护基础上的合理开发，注意节约资源

五指山发展高山蔬菜，要坚持走节约资源的高产、优质、高效的道路，逐步改变粗放的农业生产方式和资源利用方式。特别要注意高山土地资源的综合利用，做到合理开发与有效保护并举。在合理利用现有适宜土地资源的同时，努力提高土地的综合利用率。禁止毁林开荒，防止水土流失，以良好的农业生态环境，促进高山蔬菜健康、稳定发展。

5.4 高山蔬菜保鲜包装、深加工及物流体系建设

充分发挥高山蔬菜的增值潜力，要从加强新鲜蔬菜的采后商品化处理、开发储运保鲜技术和开发高山蔬菜深加工产品三方面着手，使新鲜蔬菜以洁净、美观、方便的环保包装形式供应市场，真正体现高山蔬菜绿色、卫生、安全的价值，使高山蔬菜上档次，并产生品牌效益[7]。同时也需要加大蔬菜采后处理及储运设备建设，建立起高山蔬菜商品化过程的冷链运输环节。

5.5 市场开拓与"五指山高山蔬菜"品牌建设

五指山高山蔬菜要避免各自为营的局面，否则不利于形成合力，难以形成最佳品牌效应。要借鉴外地的成功做法，着重打响某一品牌，如天台"石梁"牌高山蔬菜[8]、余姚"古址"牌茭白等[9]。因此，必须从五指山高山蔬菜生产的现状出发，按照"共创品牌"的发展思路，统一"五指山高山蔬菜"品牌形象，进一步加快市场拓展；加强对市场的管理，对产品实行分级管理，按照统一的包装、商标和产品质量，保证上市蔬菜的品质和安全；以响亮的品牌、独特的风味和优良的品质，赢得海南省老百姓的青睐，成为海南省夏秋健康蔬菜的主打产品。

参考文献

[1] 周月光. 海南本地菜缺位造成菜价居高不下 [N]. 海南日报，2010 - 05 - 14（A3）.

[2] 范南虹，张静，吴聚平. 海南夏季蔬菜供应淡 菜价更比冬季高 [EB/OL].（2009 - 07 - 31）[2011 - 12 - 16]. http://www. hinews. cn/news/system/2009/07/31/010528842. shtml.

[3] 邱正明，肖长惜. 生态型高山蔬菜可持续生产技术 [M]. 北京：中国农业科学技术出版社，2008：2 - 4.

[4] 朱文佩. 景宁高山蔬菜渐成农民增收支柱产业 [N]. 丽水日报，2011 - 06 - 02（3）.

[5] 胡万庭，周朝顺. 宣恩：高山蔬菜助农增收 4000 万元 [N]. 中国特产报，2011 - 06 - 29（A2）.

[6] 小明，杜强. 高山蔬菜产销对接签约 8 亿元 [N]. 湖北日报，2011 - 08 - 22（3）.

[7] 詹成波，敖清艳，张建军. 四川省高山蔬菜的现状和发展思路 [J]. 长江蔬菜，2011（13）：1 - 3.

[8] 陈素云. 打品牌、创名牌，提升高山蔬菜产业：天台县高山蔬菜产业发展概况、主要做法和发展思路 [J]. 长江蔬菜，2008（4）：1 - 3.

[9] 张德明. 关于无公害高山蔬菜品牌建设的思考 [J]. 上海蔬菜，2004（6）：6 - 7.

附录 I ▪▪▪
热区设施农业工程相关专利及应用

　　本部分主要介绍作者近年来根据热区设施农业的实际问题，研究开发形成解决方案，并申请授权的相关专利。这些专利来源于实践，针对性强、实用价值高，多数都有实践应用，部分专利已形成成熟技术并在海南、广西等典型热区应用。本部分共收集汇编作者的 9 个专利，列出了专利号及摘要等主要信息，详细信息可在网上检索。

　　此外，将连栋光伏温室大棚、抗风防雨连栋大棚、全装配式拱杆交叉连拱大棚等 3 个专利，从背景、参数、结构模型、造价估算等方面进行了详细的应用介绍，供选择参考。

实用新型专利

申请号 201320738494.4

申请日 2013.11.21

专利权人 海南大学

地址 570228 海南省海口市美兰区人民大道 58 号海南大学

发明人 刘建

实用新型名称 一种锯齿形连栋光伏农业种植大棚

摘要 本实用新型专利公开了一种锯齿形屋面的光伏发电农业种植大棚，包括一个以上的跨数和开间数的大棚本体。大棚屋面呈锯齿形、不等坡，屋面南侧铺设光伏电池组件和 PC 板（或玻璃），屋面北侧铺设园艺用防虫网（或塑料薄膜）。大棚屋面光伏组件可进行发电，大棚内部可种植蔬菜或花卉等作物；大棚屋面光伏组件之间均匀地设置了采光带，采用 PC 板（或玻璃）覆盖，使得光伏组件为作物提供遮阴环境的同时也不影响作物生产采光，还可减少暴雨、台风对棚内作物的冲刷和吹打；大棚屋面北侧和四周墙面设置了防虫网覆盖的通风口（或卷膜开窗机构），可降低大棚夏季生产温度；本实用新型适用于我国长江以南（特别是我国热区）及自然环境与之相似的地区。

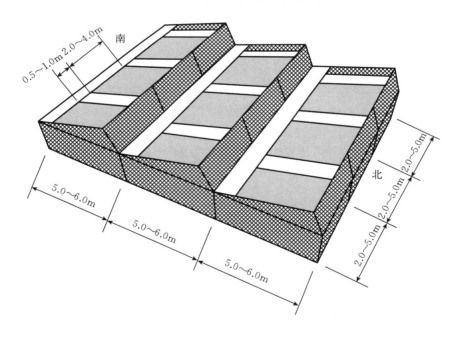

实用新型专利

申请号 201621352420.7

申请日 2016.12.11

专利权人 海南大学

地址 570228 海南省海口市美兰区人民大道 58 号

发明人 刘建

实用新型名称 一种组合式光伏大棚屋面结构

摘要 本实用新型公开了一种组合式光伏大棚屋面结构，包括屋面和支撑柱。所述屋面的两侧在同一水平线上且与所述支撑柱连接，所述支撑柱之间设有骨架。所述屋面包括坡面和弧形面，所述坡面与所述弧形面连接，所述坡面的上方设有光伏发电组件，所述坡面与水平方向的锐角夹角为12°～26°，所述弧形面上设有开窗，所述开窗的下方设有防虫网。通过所述坡面和弧形面的组合，坡面与水平方向具有一定夹角，且弧形面设有开窗，能够保证足够的太阳光进入光伏大棚，让作物得到充分的阳光且通风良好。

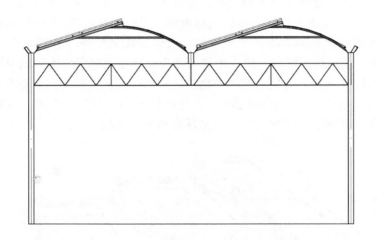

实用新型专利

申请号 201520578196.2

申请日 2015.08.04

专利权人 海南大学

地址 570228 海南省海口市人民大道 58 号

发明人 刘建 成善汉 林师森 苏恩川 陈艳丽 庞真真

实用新型名称 一种抗台风蔬菜生产拱棚

摘要 本实用新型公开了一种抗台风蔬菜生产拱棚，包括钢筋混凝土立柱、拱杆以及支撑杆。若干根所述拱杆与若干根所述支撑杆相连接组成拱形棚体，所述拱形棚体的前端面连接至少两根所述钢筋混凝土立柱，所述拱形棚体的后端面连接至少两根所述钢筋混凝土立柱，所述拱形棚体的两侧分别连接至少一根所述钢筋混凝土立柱。适当地布置了钢筋混凝土立柱，提高抗台风蔬菜生产拱棚的稳定性和抗侧倾、抗拔起的能力，可有效抵抗台风；四周自然通风，能较好地降低种植层高度的温度。该抗台风蔬菜生产拱棚建造安装时较方便，用地灵活，后期维护使用方便。

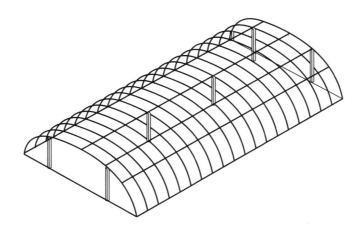

实用新型专利

申请号 201520578296.5

申请日 2015.08.04

专利权人 海南大学

地址 570228 海南省海口市人民大道 58 号

发明人 刘建 庞真真 成善汉

实用新型名称 一种双层屋顶蔬菜生产连栋平顶棚

摘要 本实用新型公开了一种双层屋顶蔬菜生产连栋平顶棚，包括立柱、斜拉索、上层横拉索、下层横拉索、防虫网以及遮阳网。所述防虫网覆盖于所述上层横拉索上，所述遮阳网覆盖于下层横拉索上，所述上层横拉索、下层横拉索连接于相邻所述立柱顶部之间，外围的所述立柱顶部连接所述斜拉索的一端。由立柱、斜拉索、上层横拉索、下层横拉索组成的结构体系，具有自重大、结构简易、稳定性好的优点。双层屋顶蔬菜生产连栋平顶棚采用通透开敞的方式与外部环境连通，进一步避免由温室效应产生的高温，利于夏季生产。

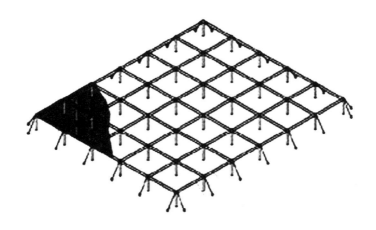

实用新型专利

申请号 201822034040.4

申请日 2018.12.05

专利权人 海南大学

地址 570228 海南省海口市美兰区人民大道 58 号

发明人 刘建 李茂顺 李原欣

实用新型名称 一种绿色生态的水中蔬菜大棚种植系统

摘要 本实用新型公开了一种绿色生态的水中蔬菜大棚种植系统，包括预埋块、支撑柱、支撑主架等。预埋块设置在水中，预埋块的顶部设有支撑柱。支撑柱的顶部设有支撑主架，支撑主架的内部且位于水的表面设有泡沫板，泡沫板上设有种植篮。该绿色生态的水中蔬菜大棚种植系统，通过设置的熏虫装置，可以有效地对进入大棚内部的昆虫进行熏治处理，且通过设置的防虫装置实现了对大棚外的昆虫进行有效拦截，更加彻底地防止昆虫进入大棚的内部而对大棚内部的作物进行伤害。本种植系统的水体与蔬菜种植是相互独立的，不产生物料交换，水体在本系统中仅作为土壤发挥隔绝病虫害的作用，同时为种植泡沫板运输提供浮力，减少运输的劳动强度。

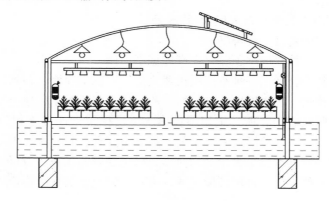

实用新型专利

申请号 201720974635.0

申请日 2017.08.07

专利权人 海南大学

地址 570228 海南省海口市美兰区人民大道 58 号

发明人 刘建 庞真真

实用新型名称 一种抗风防雨连栋大棚

摘要 本实用新型公开了一种抗风防雨连栋大棚，由若干单体大棚构建而成。单体大棚包括大棚支架和拱形屋面。大棚支架通过若干立柱和若干横向管搭建而成。拱形屋面由拱形管和锯齿状构件搭建而成。锯齿状构件一端固定在第一立柱与第一横向管相接点的下部，另一端与拱形管端部焊接固定；拱形管一端固定在靠近第一立柱的第一横向管上，另一端固定在第二立柱与第一横向管相接点的上部。拱形屋面在第二立柱的纵向开口形成通风口，立柱的一侧设有排水天沟。采用本实用新型的连栋大棚，通过拱形管和锯齿状构件搭建结构稳定的拱形屋面，抗风防雨效果佳，并在拱形屋面一侧纵向开口为通风口，实现左右、上下的空气对流。

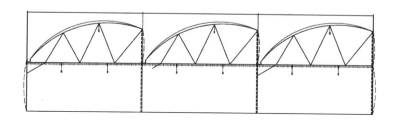

实用新型专利

申请号 201510110220.4

申请日 2015.03.13

专利权人 海南大学

地址 570228 海南省海口市人民大道 58 号海南大学园艺园林学院

发明人 刘建 庞真真 陈艳丽 王旭 陈红兵

实用新型名称 一种可移动砂床装置

摘要 本实用新型公开了一种可移动砂床装置。所述可移动砂床装置包括砂床箱体以及砂床移动驱动机构。所述砂床移动驱动机构包括驱动轮、驱动轴、齿轮以及齿条，所述驱动轮与所述驱动轴的端部连接，所述驱动轴与所述齿轮贯穿连接，所述齿轮连接有与之适配的齿条。所述齿条的上部设有砂床箱体。本砂床装置操作方便，能够省力移动，提高了室内空间的利用率。能够站立操作，避免了传统地面砂床需要下蹲操作的弊端，劳动效率提高。

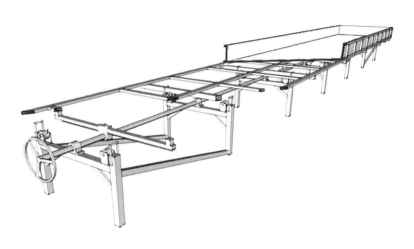

实用新型专利

申请号 202021432481.0

申请日 2020.07.20

专利权人 海南大学

地址 570228 海南省海口市美兰区人民大道 58 号

发明人 刘建 王宝龙 陈艳丽 朱国鹏

实用新型名称 一种全装配式拱杆交叉连拱大棚结构

摘要 本实用新型公开了一种全装配式拱杆交叉连拱大棚结构，由若干个拱棚交叉连接而成。每个拱棚包括若干个平行设置的拱杆，相邻拱棚的若干个平行设置的拱杆交叉连接，拱杆的交叉连接处左右两侧分别设有加强杆，拱杆的交叉连接处上方设有连杆，连杆和拱杆的交叉连接处形成通风道，拱杆的两端分别连接有设于泥土内的预制基础件，若干个拱杆的顶部覆盖有薄膜，拱杆的腰部设有防虫网，薄膜和防虫网相接触，防虫网的下方设有排水沟，拱杆的内部横向设有水平拉杆，水平拉杆的上方设有手动遮阳帘，水平拉杆上设有喷灌器。该连拱大棚结构，利用拱杆和拱杆之间的交叉受力，承载力、稳定性高，既保证了通风效率，扩大了作业空间，又可提升土地利用率。

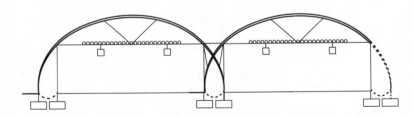

实用新型专利

申请号 201922092190.5

申请日 2019.11.28

专利权人 海南大学

地址 570228 海南省海口市美兰区人民大道 58 号

发明人 刘建 王宝龙 孙芳媛

实用新型名称 一种用于夹持覆盖材料的温室大棚卡槽的内衬保护装置

摘要 本实用新型公开了一种用于夹持覆盖材料的温室大棚卡槽的内衬保护装置，包括卡槽本体、包裹层、内衬层以及卡簧。所述卡槽本体为 U 形开口卡槽，所述包裹层包裹在卡槽本体的外表面，所述内衬层设置在所述卡槽本体的 U 形开口内，覆盖材料被夹待在所述内衬层和包裹层之间，所述卡簧匹配在所述卡槽本体的 U 形开口内并用于卡紧所述内衬层。本实用新型改变了传统的金属卡簧和覆盖材料直接进行固定的方式，增加包裹层和内衬层，以便更牢固、更稳定地夹持住覆盖材料，并且对覆盖材料起到有效的保护作用，有效延长覆盖材料的寿命。

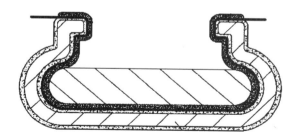

一、连栋光伏温室大棚专利应用

1 背景

海南岛属热带季风海洋性气候,气温年较差小,年平均气温在 23～26 ℃,年日照时数在 1780～2600 h,太阳总辐射量在 4500～5800MJ/m²,年降水量在 1500～2500 mm(西部沿海约 1000 mm)。对于农事生产而言,海南岛冬春干旱,夏秋多雨,多热带气旋,雨季一般出现在 5—10 月,旱季为当年 11 月至翌年 4 月,雨季降水约占年雨量的 80%;年最高气温一般出现在 4—7 月,年最低气温出现在 12 月、1 月、2 月。总体而言,海南岛光、热资源丰富,风、旱气候灾害频繁。

海南蔬菜种植为克服夏季高温、多台风暴雨的不利气象因素影响,做到"稳生产、保供应",常年蔬菜基地应同时满足通风、防雨、防虫、适合耕作等基础生产条件。

2 光伏温室简介

2.0 引言

光伏温室(大棚)是采用光伏组件作为屋面覆盖材料,部分替代传统薄膜(PC 板、玻璃等)覆盖材料,实现温室作物生产与光伏发电的有机结合。适宜热区气候条件的光伏温室结构,应能达到农业单产不降低、光伏发电效益不减少的目标。

2.1 光伏温室结构模型及参数设计

2.1.1 连栋锯齿型玻璃光伏温室结构模型

根据海南的气候特点以及叶菜的种植需求,在光伏温室结构形式开发上首选了锯齿型为光伏温室的基本结构形式。在温室的跨度和开间尺寸选择上,既要考虑光伏组件的布置,同时还要保证温室内部机械化耕作,使得温室内部空间组织上满足常年蔬菜的种植要求,用于布置光伏组件的屋顶也能满足规模化发电的需求。在温室的屋面结构形式设计中把光伏组件的布置和温室通风降温有机结合,确保在海南夏秋季节的气候条件下,温室能够正产生产,且生产管理成本低,不额外增加不必要的管理措施,满足生产设施易用与运行成本要低的要求。光伏温室屋顶采用一面坡的屋顶形式,通风口设置在屋面的竖直方向,通风口仅设置防虫网,不设卷膜开窗装置。由于开窗位置在竖向,在保证光伏温室有足够的通风面积的同时,也能够保证夏秋季季节暴雨不会通过通风口大量进入温室内部对常年蔬菜造成冲刷而影响生产。

光伏温室的跨度为 5.5 m,开间为 4 m,肩高 2.5 m,顶高 4.0 m。温室内种植空间沿跨度方向起垄,垄宽 1.5 m,垄沟的宽度为 0.25 m,沿中部开间设置操作走道一条,宽度为 1.2 m。除去立柱和走道部分所占的面积,种植部分利用率为 92% 左右。温室骨架采用热镀锌钢管,屋架为整体焊接式桁架,屋架与立柱形成一个整体钢架结构,能够最大限度地保证结构整体性和稳定性。该光伏温室已授权实用新型专利《一种锯齿形连栋光伏农业种植大棚》,专利号为 ZL201320738494.4。

图 1　连栋锯齿型玻璃光伏温室

2.1.2　连栋锯齿型薄膜光伏温室结构模型

连栋锯齿型薄膜光伏温室与连栋锯齿型玻璃光伏温室对比，仅屋面结构有差异，温室基本尺寸一致。该光伏温室已授权实用新型专利《一种组合式光伏大棚屋面结构》，专利号为 ZL201621352420.7。

图 2　连栋锯齿型薄膜光伏温室

2.2　光伏温室关键参数设计

2.2.1　光伏温室采光设计

作物种植与光伏发电对屋面布置的要求基本是一致的，均为最大限度地接受太阳光照。直射光透光率 $\iota_z = \iota_\theta (1-r_1)(1-r_2)(1-r_3)$。式中：$\iota_\theta$ 为覆盖材料在既定入射角 θ 下的直射光透光率，入射角 θ 由温室的方位、屋面角 β 以及当时当地的太阳高度角 α 决定；r_1 为由温室架构和设备引起的遮阳损失系数，一般大型温室不超过 0.05，小型温室不超过 0.10；r_2 为覆盖材料老化引起的透光率损失系数；r_3 为水滴和尘埃引起的透光损失系数，$0.2 \sim 0.3$。本温室纵向轴线沿东西向配置，南坡屋面的入射角 $\theta = 90° - \beta - \alpha$。根据玻璃透光率与入射角的关系，入射角 θ 在 $0° \sim 30°$，透光率减小不太明显，约为 90%；当入射角超过 30° 时，随着入射角的增大，透光率缓慢减小，超过 60° 时，透光率急剧下降，到 90° 时，透光率下降为 0。

北半球太阳高度角 α 取冬至日正午太阳高度角，即 $\alpha = 90° -$（当地地理纬度 + 23.26°），代入公式计算得出 $\theta = 23.26° - \beta +$ 当地地理纬度。以海口为例，地理纬度为 20.02°，本温室屋面角 β 取 15.26° 时，入射角 $\theta = 28.02°$，可满足透光率的要求。

根据《光伏发电站设计规范》（GB 50797—2012），光伏构件安装最小间距受光伏板长度和屋面角影响，光伏板长度一定，屋面角 β 越大，光伏构件所需安装间距越大，否则前后光伏板易相互遮阴，影响发电效率。

根据海南地区的纬度以及光照实际情况等条件，在海南地区的光伏温室屋面采光角以 $15° \sim 17°$ 为宜。本设计实例采用的屋面角为 15.26°，能够满足光伏发电最佳屋面角的需求，可确保在光照最弱的冬季，光伏发电农业种植均能获取更多的光照能源。

2.2.2 屋面光伏组件布置参数

采用典型尺寸（1650 mm×990 mm）的双玻光伏组件，沿屋面纵向安装，每个屋面排列 2 排，光伏组件横向的宽度为 990 mm，加上安装宽度为 1000 mm，按开间方向 40 m 长度计算，一排可布置光伏组件 40 块。

2.2.3 光伏温室通风设计

2.2.3.1 自然通风设计

本光伏温室以常年蔬菜生产为主，要求后期的管理和运行成本低，因此在设计中主要考虑采用自然通风的形式进行通风，最大限度地降低对能源的消耗。

2.2.3.2 覆盖材料

本设计中的光伏温室四周墙面和锯齿通风口采用 40 目防虫网覆盖，能最大限度地保证温室的通风和防止病虫害，且由于海南等热区的冬季室外温度也较高，能够保证在不进行加温和保温的条件下蔬菜进行正常生产。减少了卷膜等机构的设置，降低了后期管理和维护的成本。

3 光伏温室实测产量分析

（1）小白菜：试验地点为海口市（海南大学海甸农科基地实验温室），播种时间为 10 月 3 日，播种后经过 30 d，即 11 月 2 日，播种的小白菜基本达到采收的标准，实际采收期为 11 月 7 日，生长周期为 35 d，产量平均为 2.27 kg/m²，约合每亩 1514 kg，按每年 8 茬计算，年亩产量为 12.1 t。

（2）上海青：试验地点为洋浦经济开发区中试基地温室，播种时间为 12 月 5 日，播种后经过 6 周，即 1 月 16 日，播种的各类叶菜基本达到采收的标准。实际采收期为 1 月 20 日，生长周期为 45 d。通过采收后测定，所播种的上海青产量为 1.687 kg/m²，约合每亩 1125 kg，按棚内实际种植面积为约 90% 大棚面积计算，大棚实际亩产量为 1012.5 kg，冬季由于温光原因生长周期略长。

图 3 海南大学海甸农科基地试验情况

图 4 洋浦经济开发区中试基地试验情况

4 光伏温室建设成本分析

光伏温室的建设成本分析如表 1 所示。

表 1 光伏温室建设成本分析表

项 目	数量（m²）	单价（元/m²）	合计（元）	备 注
基础	3300	29.00	95700.00	考虑光伏分摊 50％建造成本
钢结构	3300	125.00	412500.00	未计入固定光伏板的檩条
玻璃覆盖	3300	100.00	330000.00	
合计			838200.00	
平均造价（元/m²）			254.00	
亩平均造价			169418.00	

在成本分析中，温室屋顶用于固定光伏板的檩条（C型梁）作为光伏发电部分的建设成本未计入。基础部分的建设单价为 58.00 元/m²，由光伏发电分摊 50% 的建设，所以确定建设单价为 29.00 元/m²。因此，玻璃覆盖的光伏温室每亩的建造成本约为 16.95 万元（注：这里成本向上取值）。与普通 8 m 跨带外遮阳的圆拱型薄膜温室相当，区别在于圆拱型薄膜温室的抗风等级为 10 级，而光伏温室的抗风等级为 12 级；圆拱型薄膜温室的屋顶覆盖为薄膜，需要 3～5 年更换一次，光伏温室的覆盖为玻璃，使用周期可达 25 年以上，基本无须更换，降低了使用过程中的成本。

5 结论

光伏产业是战略型新兴产业，随着国家对可再生清洁能源的高度重视，光伏产业已进入高速发展阶段。从用地角度看，光伏农业可以划分为三类。一是以农业生产为主，通过光伏发电设施，辅助农业生产，尤其是规模化种植、畜禽养殖、水产养殖等设施农业生产。此类光伏发电设施与现有其他农业设施功能一致，没有改变农业用地性质，适用于现有设施农用地政策。二是以光伏发电为主，附带农产品生产。此类方式的发展主要受制于土地资源的限制。三是农业和光伏并重的光伏温室模式，在保证农业种植的前提下，达到光伏发电效益最大化。既不改变农业用地的性质，又可以通过光伏发电效益反哺农业，为农业生产的基础设施建设提供项目资金，降低农业种植的固定资产投入成本。

以上结果验证，在海南地区采用本光伏温室能够做到棚顶发电上网，棚下种菜，农业生产和光伏发电两不误，棚顶发电量和普通光伏电站单位用地面积的发电量相差不大，棚下蔬菜（叶菜）生产与普通温室大棚相当，全年平均优于露地生产产量。

二、海南常年蔬菜基地建设方案标准生产大棚（WS－SJ1－6.0）

海南大学园艺学院

2021 年 2 月

海南常年蔬菜标准生产大棚建设方案

一、建设规模与内容

常年蔬菜大棚选址要求地势较高，避免水淹，同时要求水源充足（有常年流动水源或机井）、无污染，具备 380 V 电源，交通便利，便于蔬菜及农资运输，以集中连片、地势平坦区域，面积不低于 30 亩为宜。

建设内容：大棚主体工程；灌溉工程；田间路排水沟工程等。

二、建设标准

1. 大棚主体工程

大棚采用连栋锯齿型塑料温室［WS-SJ1-6.0，采用专利棚型《一种抗风防雨连栋大棚》（ZL201720974635.0）］，跨度为 6 m，开间为 4 m，顶高 4.825 m，肩高 3.0 m，如图 1 所示。

图 1　连栋锯齿型塑料温室

大棚顶部采用薄膜覆盖；四周及肩部锯齿口位置采用防虫网覆盖，可以形成较好的自然通风；屋架采用整体式设计，与立柱形成刚架结构，稳定性更好，抗台风性能增加；大棚设置电动内遮阳用以降低棚内高温，内遮阳能极大地降低遮阳系统在台风中的损坏，同时降低造价，由于采用锯齿形结构，内遮阳上部的热空气能够较快排出，避免大棚内部温度过高。

钢结构设计风荷载为 0.75 kN/m²（12 级风中间风速，相当于预报最大风力为 16 级风）。设计使用年限，在不超过设计荷载的情况下，主体钢结构不少于 15 年，薄膜及网等塑料材料按其使用性能。

具体参数做法如下：

基础土建部分：大棚采用点式独立基础，900 mm×900 mm×300 mm，混凝土标号为 C30，埋深 0.8 m，三级钢筋，具体尺寸及钢筋规格还应以当地地质情况确定。

钢骨架部分：主立柱：120 mm×60 mm×3.0 mm。拱管：40 mm×40 mm×2.0 mm。水平拉杆：50 mm×50 mm×2.0 mm。腹杆：30 mm×30 mm×1.5 mm。纵向系杆 φ32 mm×1.6 mm。天沟：δ2.0 mm。抗风柱：50 mm×50 mm×2.0 mm。纵梁：40 mm×40 mm×2.0 mm。立柱斜撑：50 mm×50 mm×2.0 mm。屋面斜撑 φ32 mm×1.6 mm。天

沟水平支撑：30 mm×30 mm×1.5 mm。以上钢材要求热镀锌，镀锌厚度达到使用年限耐久性的需求。

覆盖部分：屋顶 0.15 mm 薄膜覆盖，棚间及四周 40 目防虫网覆盖，镀铝锌卡槽及涂塑卡簧固定。

内遮阳部分：采用电动齿轮齿条内遮阳系统，75%圆丝遮阳网。

2. 灌溉工程

灌溉采用倒挂式微喷设施，包括蓄水池、泵房（活动板房）、首部枢纽（水泵、过滤器、控制柜、全自动水肥一体化施肥机）、输配主水管网、电磁阀（无线）、棚内灌水器（喷灌喷头）及管道等。

3. 田间路排水沟工程

修筑排水沟、田间路。充分利用现有道路排水沟，确有必要的位置设施田间机耕路（原土整平压实面铺 10 cm 厚碎石）、排水沟（原土开挖，主排水沟采用砖砌或 U 型混凝土槽）。

三、投资估算

根据近期海南本地材料价格对本项目投资进行估算。大棚主体工程及灌溉工程、道路排水沟等附属设施工程的单价估算如表 1 至表 3 所示。大棚工程亩均造价为 14.67 万元，灌溉工程亩均造价为 1.47 万元，道路排水沟亩均造价为 1.00 万元，工程部分投资合计每亩 17.14 万元。（注：不含监控及物流网控制系统等，如按标准化基地建设，该部分的亩均造价为 1.5 万～2.5 万元，按地形及使用要求不一样，造价会有一定的变化。）

表 1 大棚工程

序　号	项　目	造价（元/m²）	备　注
1	土建	70	基础、预埋件等
2	钢骨架	100	
3	覆盖	20	含门、卡槽卡簧等
4	内遮阳	25	电动齿轮齿条内遮阳系统
5	电气系统	5	电缆、防雷接地等
6	单位造价	220	
7	亩均造价（万元）	14.67	

表 2 灌溉工程

序　号	项　目	造价（元/m²）	备　注
1	大棚内喷灌	10	大棚内喷头及管道
2	灌溉主管及首部枢纽	8	
3	低压配电	4	
4	单位造价	22	
5	亩均造价（万元）	1.47	

表 3　道路排水沟

序　号	项　目	造价（元/m²）	备　注
1	道路排水沟	15	机耕土路，土沟
2	亩均造价（万元）	1.00	

总投资计算举例：为了便于计算，暂以 100 亩大棚为例进行投资估算。项目建筑工程投资约 1714.00 万元；建设工程其他费用总体暂按建筑工程投资的 7% 取，约 119.98 万元；预备费按 1% 取，约 18.34 万元；100 亩大棚项目总投资约 1852.32 万元（表 4）。如按大棚建设比例为 70%，100 亩大棚用地面积大约为 143 亩。按用地面积，亩均投资强度为 12.95 万元。

表 4　100 亩投资汇总表

序　号	项　目	亩均造价（万元）	大棚面积（亩）	造价（万元）	占比（%）	备　注
一	建筑工程费用	17.14		1714.00	92.5	
1	大棚工程	14.67	100.00	1467.00	79.2	
2	灌溉工程	1.47	100.00	147.00	7.9	
3	道路排水沟	1.00	100.00	100.00	5.4	
二	建设工程其他费用			119.98	6.5	暂按 7%
三	预备费			18.34	1.0	暂按 1%
四	建设项目总投资			1852.32	100.0	

四、附件
棚型专利

三、海南常年蔬菜基地建设方案简易生产大棚（WS-SLG-6.0）

海南大学园艺学院

2021 年 2 月

海南常年蔬菜简易生产大棚建设方案

一、建设规模与内容

常年蔬菜大棚选址要求地势较高，避免水淹，同时要求水源充足（有常年流动水源或机井）、无污染，具备 380 V 电源，交通便利，便于蔬菜及农资运输，以集中连片、地势平坦区域，面积不低于 50 亩为宜。

建设内容：大棚主体工程；灌溉工程；田间路排水沟工程等。

二、建设标准

1. 大棚主体工程

大棚采用连拱薄膜大棚［WS‑SLG‑6.0，采用专利棚型《一种全装配式拱杆交叉连拱大棚结构》（ZL202021432481.0）］，跨度为 6 m，开间为 2 m，顶高 3.2 m，肩高（内部净高）2.0 m，如图 1 所示。

图 1　连拱薄膜大棚

大棚顶部采用薄膜覆盖；四周及连拱之间（宽 0.8 m）采用防虫网覆盖，可以形成较好的自然通风；立柱采用拱交叉设计，稳定性更好，抗台风性能增加，同时将拱肩部不适宜生产操作的区域（约 0.8 m 宽）和棚间通风口结合，相较于单拱大棚提高了土地利用率；设置手动遮阳以降低棚内高温。

钢结构设计风荷载为 0.25 kN/m^2（9 级风初始风速，相当于预报最大风力为 11 级风）。设计使用年限，在不超过设计荷载的情况下，主体钢结构不少于 10 年，薄膜及网等塑料材料按其使用性能，超过设计风荷载时应将薄膜及网取下或收拢，保证钢结构安全。

具体参数做法如下：

基础土建部分：基础：350 mm×350 mm×250 mm，混凝土标号为 C25，埋深 0.5 m，热浸镀锌预埋件，底部焊接 0.3 m 长、ϕ10 mm 钢筋 4 条，安装完成后预埋件外表面满刷沥青；棚间地面设置 0.3 mm×0.25 m 排水土沟。

钢骨架部分：拱杆：ϕ32 mm×1.5 mm。水平拉杆：ϕ32 mm×1.5 mm。腹杆：ϕ25 mm×1.2 mm。纵向拉杆：ϕ25 mm×1.5 mm。棚间拉杆：ϕ25 mm×1.2 mm。附件立柱及棚头立柱：ϕ32 mm×1.5 mm。杆件采用 U 型螺栓、抱箍、螺栓、十字卡簧等连接，

所有钢管及连接件均采用热镀锌处理。

覆盖部分：屋顶 0.08 mm 薄膜覆盖，棚间及四周 40 目防虫网覆盖，镀铝锌卡槽及涂塑卡簧固定。

内遮阳部分：采用手动内遮阳系统，60％扁丝遮阳网，ϕ20 mm PVC 管手动开合。

2. 灌溉工程

灌溉采用倒挂式微喷设施，包括蓄水池、泵房（活动板房）、首部枢纽（水泵、过滤器、控制柜）、输配主水管网、电磁阀（无线）、棚内灌水器（喷灌喷头）及管道等。

3. 田间路排水沟工程

修筑排水沟、田间路。充分利用现有道路排水沟，确有必要的位置设施田间机耕路（原土整平压实）、排水沟（原土开挖）。

三、投资估算

根据近期海南本地材料价格对本项目投资进行估算。大棚主体工程及灌溉工程、道路排水沟等附属设施工程的单价估算如表1至表3所示。大棚工程亩均造价为 3.85 万元，灌溉工程亩均造价为 0.99 万元，道路排水沟亩均造价为 0.16 万元，工程部分投资合计每亩 5.00 万元。

表 1 大棚工程

序 号	项 目	造价（元/m²）	备 注
1	土建	16	基础、预埋件等
2	钢骨架	28	
3	覆盖	8.5	
4	内遮阳	5.1	
5	单位造价	57.7	
6	亩均造价（万元）	3.85	

注：表中数据不闭合由四舍五入引起，并非计算错误，下同。

表 2 灌溉工程

序 号	项 目	造价（元/m²）	备 注
1	大棚内喷灌	7	大棚内喷头及管道
2	灌溉主管及首部枢纽	5.5	
3	低压配电	2.4	
4	单位造价	14.9	
5	亩均造价（万元）	0.99	

表 3 道路排水沟

序 号	项 目	造价（元/m²）	备 注
1	道路排水沟	2.4	机耕土路，土沟
2	亩均造价（万元）	0.16	

总投资计算举例：为了便于计算，暂以 100 亩大棚为例进行投资估算。项目建筑工程投资约 500.00 万元，建设工程其他费用约 35.00 万元，预备费约 5.35 万元，100 亩大棚项目总投资约 540.35 万元，详见表 4。如按大棚建设比例为 70%，100 亩大棚用地面积大约为 143 亩。按用地面积，亩均投资强度为 3.78 万元。

表 4　投资估算表

序　号	项　目	亩均造价（万元）	大棚面积（亩）	造价（万元）	占比（%）	备　注
一	建筑工程费用	5.00		500.00	92.5	
1	大棚工程	3.85	100.00	385.00	71.3	
2	灌溉工程	0.99	100.00	99.00	18.3	
3	道路排水沟	0.16	100.00	16.00	3.0	
二	建设工程其他费用			35.00	6.5	暂按 7%
三	预备费			5.35	1.0	暂按 1%
四	建设项目总投资			540.35	100.0	

四、附件

棚型专利

附录 Ⅱ ■■■
热区设施农业工程实例效果图

　　本部分对作者近年来制作的热区（海南等）设施农业工程案例的效果图进行汇总。主要包括温室大棚的单体设计的透视图、鸟瞰图，农业园区（生产基地）的鸟瞰图、规划平面图，农业基地相关配套设施的效果图等，共计典型效果图 49 个（图 1 至图 49）。这些效果图涉及的大部分项目已落地生产，可供相关的农业生产基地、乡村振兴项目借鉴参考。

图1 单栋小跨度薄膜温室

图2 单栋大跨度薄膜温室

图3 单栋中跨度薄膜温室（屋顶通风口）

图 4　单栋中跨度薄膜温室（屋顶通风帽）

图 5　抗台风连拱大棚（透视图）

图 6　抗台风连拱大棚（鸟瞰图）

图 7 坡屋面双层屋顶荫棚（鸟瞰图）

图 8 坡屋面双层屋顶荫棚

图 9 平屋面双层屋顶荫棚（鸟瞰图）

图 10　平屋面双层屋顶荫棚

图 11　6 m 跨圆拱型塑料薄膜大棚

图 12　WS-SJ1-5.0 连栋锯齿型塑料温室

图 13　WS‐SJ1‐6.0连栋锯齿型塑料温室

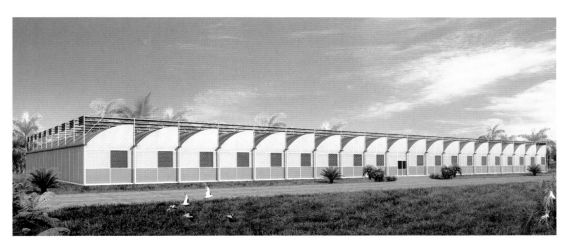

图 14　锯齿温室效果图

图 15　文洛型温室

图 16　异型温室（鸟瞰图）

图 17　异型温室

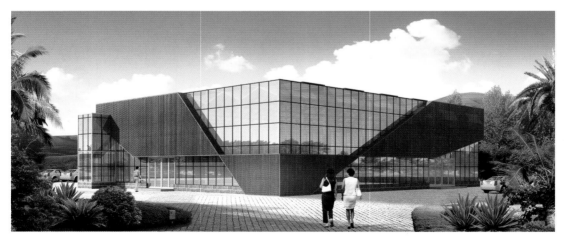

图 18　屯昌某农产品展示温室

图 19　海口某蔬菜种植基地（一）

图 20　海口某夏秋淡季蔬菜基地

图 21　海口某农科基地

图 22　海口某蔬果产业示范园

图 23　海口某蔬菜种植基地（二）

图 24　海口某常年蔬菜基地

图 25 儋州某农科基地

图 26 儋州某光伏大棚基地

图 27 乐东某观光基地

图 28　乐东某育苗基地

图 29　屯昌某野菜谷

图 30 澄迈某菜篮子基地

图 31 澄迈某生态农业园区

图 32 三亚某观光采摘基地

图 33　三亚某公共试验基地

图 34　三亚某常年蔬菜基地

图 35 三亚某菜篮子基地

图 36 陵水某菜篮子基地

图 37　三亚某小脚鸡养殖基地

图 38　澄迈某生态鸡舍

图 39　澄迈某生态鸭舍

图 40　三亚某黎乡山庄

图 41　三亚某农家乐

图 42　海口某乡村民宿

图 43　三亚某农机厂房

图 44　海口某彩钢厂房

图 45　海口某花卉超市

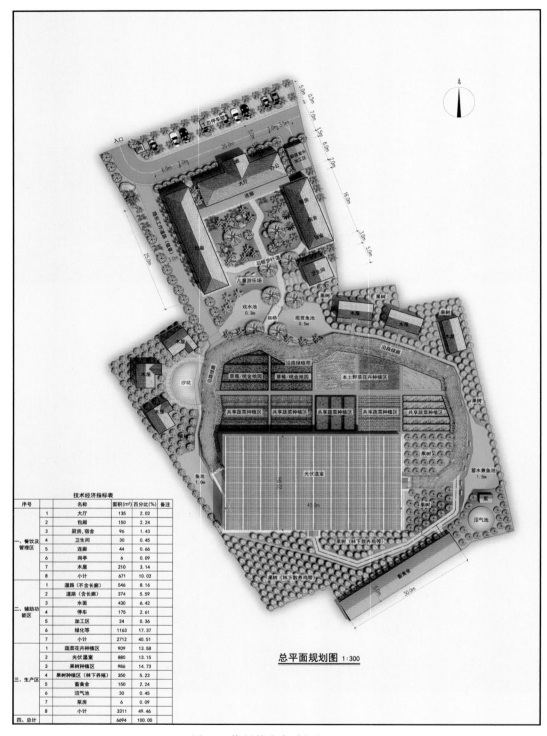

技术经济指标表					
序号		名称	面积(m²)	百分比(%)	备注
一、餐饮及管理区	1	大厅	135	2.02	
	2	包厢	150	2.24	
	3	厨房、宿舍	96	1.43	
	4	卫生间	30	0.45	
	5	连廊	44	0.66	
	6	岗亭	6	0.09	
	7	木屋	210	3.14	
	8	小计	671	10.02	
二、辅助功能区	1	道路(不含长廊)	546	8.16	
	2	道路(含长廊)	374	5.59	
	3	水面	430	6.42	
	4	停车	175	2.61	
	5	加工区	24	0.36	
	6	绿化等	1163	17.37	
	7	小计	2712	40.51	
三、生产区	1	蔬菜花卉种植区	909	13.58	
	2	光伏温室	880	13.15	
	3	果树种植区	986	14.73	
	4	果树种植区(林下养殖)	350	5.23	
	5	畜禽舍	150	2.24	
	6	沼气池	30	0.45	
	7	泵房	6	0.09	
	8	小计	3311	49.46	
四、总计			6694	100.00	

总平面规划图 1:300

图 46 儋州某农家乐规划平面图

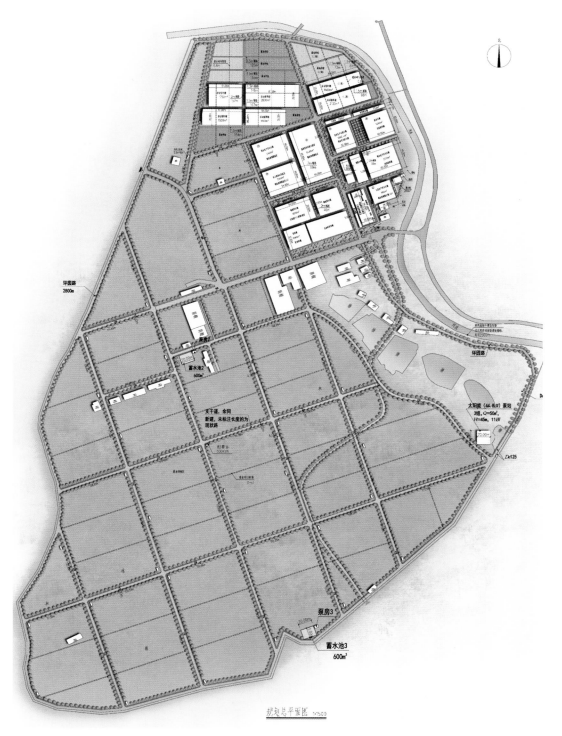

图 47 儋州某校园农科基地规划平面图

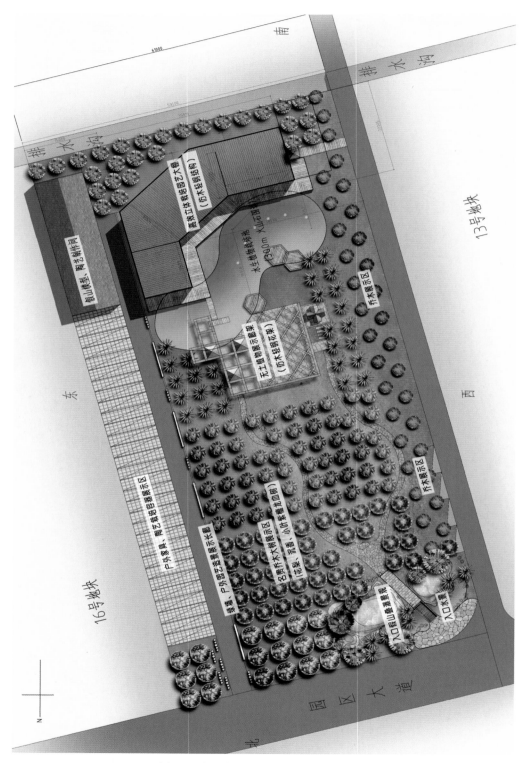

图 48　海口某花卉展示基地规划平面图

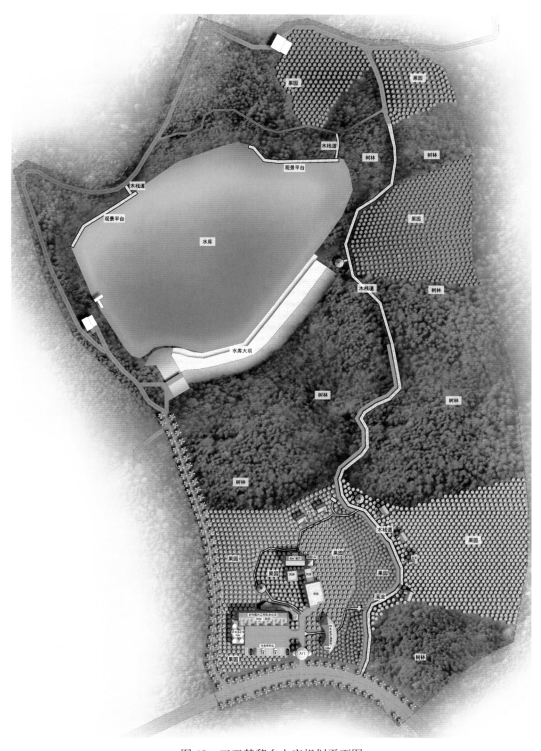

图 49 三亚某黎乡山庄规划平面图

图书在版编目（CIP）数据

热区设施农业工程技术创新与实践 / 刘建等著 . —
北京：中国农业出版社，2023.9
　　ISBN 978 - 7 - 109 - 31102 - 2

　　Ⅰ . ①热…　　Ⅱ . ①刘…　　Ⅲ . ①热区－温室栽培－栽培
技术　　Ⅳ . ①S625

中国国家版本馆 CIP 数据核字（2023）第 174628 号

中国农业出版社出版

地址：北京市朝阳区麦子店街 18 号楼
邮编：100125
责任编辑：魏兆猛　　文字编辑：赵星华
版式设计：杨　婧　　责任校对：周丽芳
印刷：三河市国英印务有限公司
版次：2023 年 9 月第 1 版
印次：2023 年 9 月河北第 1 次印刷
发行：新华书店北京发行所
开本：787mm×1092mm　1/16
印张：13.25
字数：322 千字
定价：80.00 元
